知味

寻味历史

食在明朝

种梦卓 编著

北方联合出版传媒(集团)股份有限公司
万卷出版公司

图书在版编目（CIP）数据

食在明朝 / 种梦卓编著. —沈阳：万卷出版公司，2021.2（2022.11重印）

（寻味历史）

ISBN 978-7-5470-5490-1

Ⅰ.①食… Ⅱ.①种… Ⅲ.①饮食—文化史—中国—明代②中国历史—明代—通俗读物 Ⅳ.①TS971.2 ②K248.09

中国版本图书馆CIP数据核字（2020）第260145号

出 品 人：王维良
出版发行：北方联合出版传媒（集团）股份有限公司
万卷出版公司
（地址：沈阳市和平区十一纬路25号 邮编：110003）
印 刷 者：辽宁新华印务有限公司
经 销 者：全国新华书店
幅面尺寸：145mm×210mm
字 数：220千字
印 张：9.5
出版时间：2021年2月第1版
印刷时间：2022年11月第4次印刷
责任编辑：朱婷婷
责任校对：高 辉
装帧设计：马婧莎
ISBN 978-7-5470-5490-1
定 价：39.80元
联系电话：024-23284090
传 真：024-23284448

目录

明宫食事

皇帝的御膳食谱

大明太祖高皇帝朱元璋（1328—1398），字国瑞，原名重八，后取名兴宗，汉族，濠州钟离人，明朝的开国皇帝。朱元璋幼时贫穷，曾为地主放牛，1344年，入皇觉寺，25岁时参加郭子兴领导的红巾军反抗元朝。1356年，被部下诸将奉为吴国公，同年，攻占集庆路，将其改为应天府。1368年，朱元璋击破各路农民起义军后，在应天府称帝，国号大明，年号洪武，后结束了元朝在中原的统治，平定四川、广西、甘肃、云南等地，最终统一中国。由于朱元璋的创业历史本来就比较艰苦，而且小的时候父母亲人被饿死，同时朱元璋也比较节约，所以在餐桌上并没有什么很珍贵的食材。并且朱元璋也规定，后代皇帝的餐桌上必须出现一些当季的野菜，这也是这位农民出身的皇帝为了减轻人民负担和让后代皇帝记得祖先疾苦的一种表现。本段节选内容，记载了洪武十七年六月的膳单，计早膳有饭菜十二道，午膳有二十道。至于晚膳内容，则未见于记载。可以看出明太祖的日常饮食均是以常见的猪、羊、鹅为主的菜品。

早膳：羊肉炒，煎烂拖齑鹅[①]，猪肉炒黄菜，素蒿插清汁[②]，蒸猪蹄肚，两熟煎鲜鱼，撺鸡软脱汤，炉煿肉[③]，筭子面[④]，香米饭，豆汤，泡茶。

午膳：胡椒醋鲜虾，烧鹅，燌羊头蹄[⑤]，鹅肉巴子[⑥]，咸豉芥末羊肚盘，蒜醋白血汤，五味蒸鸡，元汁羊骨头，胡辣醋腰子，蒸鲜鱼，五味蒸面筋，羊肉水晶饺，丝鹅粉汤，三鲜汤，绿豆棋子面[⑦]，椒末羊肉，香米饭，蒜酪，豆汤，泡茶。(《南京光禄寺志》)

【注释】

①煎烂拖齑鹅：以捣碎的姜、蒜、韭菜末爆香后煎焖的鹅肉。

②素蒿插清汁：把青蒿用水浸泡一段时间之后，绞出的汁液。

③炉煿肉：即烤肉干。

④筭（suàn）子面：即蒜拌面。

⑤燌（fén）羊头蹄：即烧羊蹄。

⑥鹅肉巴子：即鹅肉干。

⑦绿豆棋子面：用绿豆粉和面，捏成棋子大小的块，烤熟或煮熟的小面点。

明成祖朱棣（1360—1424），明朝第三位皇帝。明太祖朱元璋第四子，建文帝朱允炆之叔父。建文四年（1402）即位，在位22年（1402—1424），年号“永乐”。明成祖有一大特点，就是他把调料看得比粮食和肉还重要。永乐十二年，成祖北伐瓦剌，在忽兰忽失温大败马哈木，缴获牛羊无数。于是成祖下诏，将缴获的牛羊，以及尚膳监和光禄寺为其准备的腊肉、米面、枣子等食物赏赐给出征将士食用，但是，烧酒、醋、酱、糖、盐等调料则不予发放。本段节选内容，记载了明成祖永乐元年十月的御膳内容和用料，看起来，明成祖的饮食内容，要比太祖更为简单，原因为何不得而知。但值得注意的是，成祖吃的东西中虽亦有米饭，却多了香油烧饼、沙馅小馒头之类的北方面食，而这些面食同样出现在诸王的膳食之中。由此看来，从太祖到成祖，御膳的风格已经在转变。其中比较特别的地方，在于其膳食都仅有糖类与蛋白质，并无青菜、水果。到底是不包括在膳单之内，还是明成祖本人不喜欢吃蔬果，则无法确定。按照明代宫廷膳食制度，早膳、午膳不进酒，永乐帝的这份膳单里进“酒四品”，应当是晚膳的菜单。

膳单：酒四品，焚羊肉，清蒸鸡，椒醋鹅，烧猪肉，猪肉撺白汤[①]，香油饼，小馒头，米饭，雪梨菱角汤，赤豆汤。

用料：计有鹅一只、鸡三只、羊肉五斤、猪肉六斤、白粳米二斗、茶食九斤、香油烧饼九十片、白面四斤、砂糖八两、赤豆一升、雪梨鲜菱并二十斤。(《南京光禄寺志》)

【注释】

①猪肉撺白汤：将切成薄片的猪肉用淀粉和盐抓匀腌制后煮成汤。

明世宗朱厚熜(1507—1567)，明宪宗朱见深之孙，明孝宗朱祐樘之侄，兴献王朱祐杬之子，明武宗朱厚照的堂弟。明朝第十一位皇帝，在位45年(1521—1567)，年号嘉靖，后世称嘉靖皇帝。世宗信奉道教至迷恋的程度，追求长生不老，在即位初期，他就已经开始在宫中举行斋醮以祈福消灾了。到了嘉靖二年，各处宫殿都建起了斋醮，简直就将皇宫变成了一个大道场。上有所好，下必甚之，最著者则有所谓的“青词宰相”。“青词”是道教徒们在举行斋醮时奉献给天神的奏章祝文，嘉靖帝最初斋醮用的青词是由道士们撰写的，道士们的文化水平有限，嘉靖帝不是很满意。一些谄媚的小臣看准时机，利用较高的文化素养主动为皇帝撰写玄文，皇帝大为高兴，由此飞黄腾达者不在少数。亦有文人大力抨击此举，如明代诗人张元凯所作的《西苑供词二十四首》，描述了斋醮时的场景，也侧面反映了嘉靖帝追求修仙的饮食喜好。

秋殿清斋正受釐，迎和门外立诸姬。

大官不进麒麟脯①，御馔唯供五色芝②。

（《西苑供词二十四首·其一》）

【注释】

①麒麟脯：麒麟是一种上古神兽，这里指麒麟肉做成的肉干。

②五色芝：五种颜色的灵芝，即赤芝、黄芝、白芝、黑芝、紫芝。据《茅君内传》李贤注引，食此五芝中任意一芝，即可飞升成仙。

明神宗朱翊钧（1563—1620），明朝第十三位皇帝，明穆宗朱载垕第三子。隆庆六年（1572），穆宗驾崩，10岁的朱翊钧即位，年号万历，在位48年，是明朝在位时间最长的皇帝。与洪武年间的饮膳相比，其在品类上增加得相当多，特别是在面食、点心及汤品方面尤其明显。至于肉品的烹饪方式，也比明初要多样多元。值得注意的是，御膳北方化的情况也已相当明显，馒头、花卷、烧饼、饺子、面片、面条等面食占据了主食的地位，南方的米食在当中反显得并不重要。另外，明太祖、成祖的膳单中并未见牛肉、驴肉，而万历朝则出现了这些肉品。本段节选内容，记载了万历年间御膳中的米面食、肉食以及汤品、甜品等上百种。

国朝御膳米面品略：捻尖馒头、八宝馒头、攒馅馒头、蒸卷、海清卷子、蝴蝶卷子；大蒸饼、椒盐饼、豆饼、澄沙饼、夹糖饼、芝麻烧饼、奶皮烧饼、薄脆饼、梅花烧饼、金花饼、宝妆饼、银锭饼、方胜饼、菊花饼、葵花饼、芙蓉花饼、古老钱饼、石榴花饼、金砖饼、灵芝饼、犀角饼、如意饼、荷花饼；红玛瑙茶食、夹银茶食、夹线茶食、金银茶食、白玛瑙茶食、糖钹儿茶食、白钹儿酥茶食、夹糖茶食、透糖茶食、云子茶食、酥子茶食、糖麻叶茶食、白麻叶茶食、清风饭①、枣糕、肥面角儿、白馓子、糖馓子、芝麻象眼减炸，又有剪刀面②、鸡蛋面、白切面。

国朝御膳肉食略：凤天鹅、凤鹅、凤鸭、凤鱼、烧天鹅、烧鹅、白炸鹅、锦缠鹅、清蒸鹅、暴腌鹅、燎鹅、锦缠鸡、清蒸鸡、暴腌鸡、川炒鸡、白炸鸡、炮龙烹凤③、烧肉、白煮肉、清蒸肉、猪屑骨、暴腌肉、荔枝猪肉、燥子肉、麦饼鲊、菱角鲊、鲟鳇鲊、炯鱼、蒸鱼、猪耳脆、暴腌肫肝、煮鲜肫肝、玉丝肚肺、蒸羊、燎羊。

国朝御膳汤略：牡丹头汤、鸡脆饼汤、蘑菇灯笼汤、猪肉龙松汤、猪肉竹节汤、玛瑙糕子汤、肉酿金钱汤、锦丝糕子汤、玺珠糕子汤、木樨糕子汤、锦绣水龙汤、月儿羹、酸甜汤、蒲

萄汤、柿饼汤、枣汤、豆汤、蜜汤、灵露饮[4]、炒米汤、浆水、牛奶。(《事物绀珠》)

【注释】

①清风饭：水晶饭、龙眼粉、龙脑末、牛酪浆调和，放入金提缸，再垂下冰池冷透，是在大暑天食用的。

②剪刀面：即面片。

③炮龙烹凤：龙即白马肉，凤即五色雄鸡。

④灵露饮：以粳米或糯米、老米、小米同时入甑锅提炼，取其凝结之露水，故名灵露饮。

明熹宗朱由校（1605—1627），明朝第十五位皇帝，明光宗朱常洛长子，明思宗朱由检异母兄。16岁即位，在位7年（1620—1627），年号天启。明代中期以后，皇家御膳日益奢靡，从御膳所用食物原料上，可以明显看出明代宫廷饮食的由俭趋奢的变化。明初的御膳肉肴多用豆腐和猪肉鸡鹅等家常畜禽，明代中后期则多用山珍野味。“三事”是朱由校喜欢食用的一款菜，由海参、鲍鱼、鱼翅、肥鸡和猪蹄筋烩制而成。有关这款菜的记载原见于刘若愚的《明宫史》，刘若愚是万历、天启皇帝的太监，《酌中志》是他所述关于万历、天启朝宫廷生活见闻的回忆录。由这款菜的食材组配可以看出，明朝的宫廷菜已不同于宋元，海参、鱼翅始成为御膳亮点。本段节选内容，记载了天启皇帝对于海鲜的喜爱，尤为钟爱将各类海鲜、肉类烩在一起的海鲜锅，大快朵颐。

天启三事：先帝最喜用炙蛤蜊[1]、炒鲜虾、田鸡腿及笋鸡脯[2]。又海参、鳆鱼[3]、鲨鱼筋[4]、肥鸡、猪蹄筋共烩一处，名曰“三事”，恒喜用焉。（《酌中志》）

【注释】

①先帝：指天启帝。

②笋鸡脯：即莴笋炒鸡胸肉。

③鳆（fù）鱼：即今“鲍鱼”。

④鲨鱼筋：今称“鱼翅”。

宫廷特色宴会

进士恩荣宴

进士恩荣宴是天下读书人最想参加的宴会，它代表着读书人十年寒窗苦读的成绩得到了君王的认可。进士恩荣宴虽没有皇帝本人的亲自参加，但与皇帝亲自参加的宴会相比，给进士本人带来的荣誉和被尊重被赏识的体验感更浓郁。在明代，只要是进士，都会在礼部赐恩荣宴，并且有一名受过功勋的大臣陪同，宴会分上桌和上中桌或中桌两种，菜品丰富，是其他宴会所不能及的。本文出自明泰昌元年（1620）官修的《礼部志稿》，记录了永乐十三年（1415）进士恩荣宴的菜品，可以看出，最开始的恩荣宴上桌与上中桌的菜品并无太大差别。

上桌按酒、烧炸四般，宝妆茶食[①]、果子五般。软按酒五般，菜四色，汤三品。双下大馒头，羊肉饭，酒五钟[②]。

上中桌按酒、烧炸四般，宝妆茶食、果子四般。软按酒四般，菜四色，汤三品。双下馒头，羊肉饭，酒五钟。(《礼部志稿》)

【注释】

①宝妆茶食：指包括茶盏在内的糕饼点心，在喝茶时食用。

②钟：酒器。

随着时间的推移，恩荣宴上的菜品更加丰富，尤为值得一提的是弘治年间的恩荣宴上桌的"羊背皮"这道菜，就是进献羊的整体，在元朝时是专门为优秀的人才所准备的，在明朝同样作为上宾所用的食物。因为一只羊，除了羊腿，肉都在羊背上了。羊背皮的制作也耗时耗材，所以上宾用羊背皮，其他的宾客则享用剩下的羊腿，以表示对上宾的尊敬。这道非常珍贵的菜肴在大宴中都没有出现，反而出现在了弘治年间的进士恩荣宴中，可见弘治帝本人对当时人才的关照和爱护。本段内容，记录了弘治三年（1490）恩荣宴的菜品，分为上桌和中桌，可以看出与早期相比，肉类菜品已更加多样。

上桌按酒五般、果子五般，宝妆茶食五般，凤鸭一只，小馒头一碟，小银锭笑靥二碟[①]，棒子骨二块，羊背皮一个，花头二个，汤五品，菜四色，大馒头一分，添换羊肉一碟，酒七钟。

中桌按酒、果子、茶食各五般，甘露饼一碟，小馒头一碟，小银锭笑靥二碟，炸鱼二碟，牛肉饭二块，花头二个，汤三品，菜四色，大馒头二分，添换羊肉一碟，酒七钟。(《礼部志稿》)

【注释】

①小银锭笑靥：指做成小元宝形状的糕点。

驾幸太学筵宴

皇帝驾幸太学是洪武时便定下的视学礼。首先由皇帝祭先师，以示君王礼敬先师。其次讲官授经于陛下。最后由学官诸生列班跪地听谕结束。筵宴是皇帝驾幸太学后回宫第二日举办的。万历一朝起，第二日的赐宴被免除。因为是祭礼先师，可算是天下读书人颇为振奋的一件大事，带给读书人读书治国的希望。所以宴会菜品也格外丰富。且上桌也供应仅供上宾食用的非常尊贵的羊背皮，由此可见君王对于读书人以及文官的笼络十分上心。本文记录了弘治元年太学筵宴的菜品。

上桌按酒五般，果子五般，大银锭[①]，大油酥八个，宝妆凤鸭，小点心，棒子骨，汤三品，菜四色。大馒头，羊背皮，酒五钟。

中桌按酒五般，果子五般，茶食五般，炸鱼，小点心，汤

三品，菜四色。大馒头，羊脚子饭，酒五钟。(《礼部志稿》)

【注释】

①大银锭：即做成大元宝形状的糕点。

祭祀汤饭宴

从元朝开始，我国便与朝鲜半岛的高丽有了联姻传统。据统计，元朝共派遣使者277次赴高丽，高丽也不断向元朝输出女子，元朝末年的顺帝皇后就是高丽人。到了明朝，两国关系更加密切，朝鲜的朝贡使节来到中国，不仅会举办欢迎晚宴，还会举办欢送晚宴。因此，很多朝鲜半岛的饮食，在这种密切交往中传进了中国宫廷。其中，最为特殊的一道菜品就是汤饭。由于汤饭制作简单，节省时间，在宫廷中多用于在祭祀结束之后提供给文武百官，一般情况下，汤饭的配菜很少，多为下饭小菜。本段节选文字，详细记载了嘉靖年间宫廷祭祀后食用汤饭的情形。

大祀圜丘文武百官汤饭[①]：嘉靖间定上桌按酒四般、点心一碟、汤饭一分、小菜四色。中合桌按酒四般、点心一碟、汤饭二分、小菜四色。

孟春祈古夏至、方泽春分、朝日秋分、夕月祭毕内外官酒饭：

嘉靖间定上桌按酒四般、小馒头一碟、汤饭一分、酒五钟。中合桌按酒、馒头同汤饭二分、酒十钟。

耕耤三公九卿执事等官酒饭：嘉靖间定上桌按酒四般、小馒头一碟、汤饭一分、酒三钟。中合桌按酒四般、小馒头一碟、汤饭二分、酒六钟。(《礼部志稿》)

【注释】

①圜丘：即天坛，是皇帝的祭天处所。

皇宫岁时食俗

正　月

中国历史上的“元旦”指的是“正月一日”（即我们现在的“春节”），“正月”的计算方法，在汉武帝时期以前是很不统一的，历代的元旦日期并不一致。从汉武帝起，规定农历一月为“正月”，把一月的第一天称为元旦，一直沿用到清朝末年。正月，即除旧岁也，在中国古代，元旦作为新年的第一天受到了朝廷皇族和平民百姓的重视，有许多习俗沿袭至今。在饮食方面，明朝时期，正月的饮食是最为繁盛的，自年前腊月二十四，各家便蒸点心、储肉，将为一二十日之费。

本文介绍了明朝在正月里丰富多彩的饮食习惯和习俗，从中可以看到当时宫廷饮食生活的奢侈和丰富多彩。

正月初一，饮椒柏酒[①]，吃水点心[②]，即扁食也。或暗包银钱一二于内，得之者以卜一年之吉。是日，所食之物，如曰百事大吉盒儿者[3]，柿饼、荔枝、圆眼[4]、栗子、熟枣共装盛之。又驴头肉，亦以小盒盛之，名曰嚼鬼，以俗称驴为鬼也。立春之前一日至次日立春之时，无贵贱皆嚼萝蔔[5]，曰咬春。初七日，人日，吃春饼和菜[6]。自初九日之后，吃元宵。其制法用糯米细面，内用核桃仁、白糖为果馅，洒水滚成，如核桃大，即江南所称汤圆者。(《酌中志》)

【注释】

①椒柏酒：指椒酒和柏酒。中国民间风俗，农历正月初一用以祭祖或献之于家长以示祝寿拜贺之意。东汉崔寔《四民月令·正月》“各上椒酒于其家长”。原注：“正日进椒柏酒。椒是‘玉衡’星精，服之令人能老。柏亦是仙药。进酒次弟，当从小起——以年少者为先。”

②水点心：类似于今天的饺子。

③百事大吉盒儿：一种表示吉祥的象征物。中国民间节日风俗之一，流行于北京地区，夏历春节，将一些表吉利的干果掺在一起放在一大盒内供食用，故称。

④圆眼：即龙眼。俗称桂圆。

⑤萝蔔：即萝卜。

⑥春饼：面粉烙制的薄饼，一般要卷菜而食。从宋到明清，吃春饼之风日盛。立春吃春饼有喜迎春季、祈盼丰收之意。

元宵节

正月是农历的元月，古人称夜为“宵”，所以称正月十五为“元宵节”。唐初受了道教的影响，又称上元节，唐末才偶称元宵节。元宵节猜灯谜、吃元宵的节日习俗在当今依然可以感受到，而在明朝，元宵节的宫廷吃食远远比现在的元宵复杂许多，可以说是搜罗天下美食尽食之。此段文字详细记载了元宵时节的宫廷饮食盛况，从素食到鱼虾、从水果到点心应有尽有，而且食物取材并不局限于本地，还引进其他地方特色，称之为饕餮盛宴也不为过。

十五日曰上元，亦曰元宵。斯时所尚珍味，则冬笋、银鱼、鸽蛋、麻辣活兔，塞外之黄鼠①，半翅鹖鸡②，江南之密罗柑③、凤尾橘、漳州橘、橄榄、小金橘、风菱④、脆藕，西山之苹果、软子石榴之属，水下活虾之类，不可胜计。本地则烧鹅、鸡、鸭、猪肉，冷片羊尾、爆炒羊肚、猪灌肠、大小套肠、带油腰子、羊双肠、猪膂肉⑤、黄颡管儿、脆团子、烧笋鹅，醃腌鹅、鸡鸭、炸鱼、柳蒸煎鱼、炸铁脚雀、卤煮鹌鹑、鸡醢汤、米烂汤、八宝攒汤、羊肉猪肉包、枣泥卷、糊油蒸饼、乳饼、奶皮、烩羊头、糟腌猪蹄尾耳舌、鸡肫掌。素蔬则滇南之鸡枞⑥，五台之天花羊肚菜、鸡腿银盘等蘑菇，东海之石花、海白菜、龙须、海带、鹿角、紫菜，江南乌笋、糟笋、香蕈[7]，辽东之松子，蓟北之黄花、金针，都中之山药、土豆，南都之苔菜、糟笋，武当之鹰嘴笋、黄精[8]、黑精，北山之榛、栗、梨、枣、核桃、黄连芽[9]、木兰芽[10]、蕨菜、蔓菁[11]，不可胜数也。茶则六安松萝、天池，绍兴岕茶、径山茶、虎丘茶也。(《酌中志》)

【注释】

①黄鼠：其味道像小猪肉，但比小猪肉脆。黄鼠习惯在秋冬季储存松榛豆麦于洞穴内，此时挖洞捕之，味极肥美。

②鹖（hé）鸡：雉属。较雉为大，黄黑色，头有毛角如冠，性猛好斗，至死不却。

③密罗柑：现写作蜜罗柑，即佛手。

④风菱：即菱角。食疗价值极高。

⑤猪膂（lǚ）肉：猪脊柱两旁的肌肉。

⑥鸡枞：又名鸡宗、鸡松、鸡脚菇、蚁枞等，是一种美味山珍，称为菌中之王，其肉肥硕壮实，质细丝白，味鲜甜脆嫩，清香可口，可与鸡肉媲美，故名鸡枞，也写作鸡㙡。

⑦香蕈（xùn）：又叫香菇、花菇，在民间素有“山珍”之称。味道鲜美，香气沁人，营养丰富。

⑧黄精：又名鸡头黄精、黄鸡菜。为黄精属植物，根茎横走，圆柱状，结节膨大。叶轮生，无柄。药用植物，具有补脾、润肺、生津的作用。

⑨黄连芽：别称黄连木，异称蓝香、黄练头，为漆树科黄连木（又称楷木）的嫩芽。

⑩木兰芽：野生灌木，长于向阳山坡，谷雨前后，树枝上长满红黄相间的嫩笋芽。其药理功效为清热解毒，强筋壮骨，增进食欲。

⑪蔓菁：即芜菁，为食用蔬菜，肥大肉质，根供食用。

立　春

立春，中国二十四节气之一，又名立春节、正月节、岁旦等。立，是开始之意；春，代表着温暖、生长。秦汉以前，礼俗所重的不是农历正月初一，而是立春日。重大的拜神祭祖、纳福祈年、驱邪禳灾、除旧布新、迎春和农耕庆典等均安排在立春日及其前后几天举行，这一系列的节庆活动不仅构成了后世岁首节庆的框架，而且它的民俗功能也一直遗存至今。明朝时，皇帝一般于节日后赐宴，立春时节的赐食以春饼为主。春饼又叫荷叶饼、薄饼，是一种烙得很薄的面饼，立春吃春饼有喜迎春季、祈盼丰收之意，其材料简单，制作方便，口感柔韧耐嚼，吃法也有很多种，卷包配菜、作为主食单吃、炒饼都可以。节日当天，早朝结束后，光禄寺要先奏明皇帝，待皇帝奏准，百官行叩头礼感谢皇恩，礼毕，皇帝还宫，百官则退朝至午门外享用宴赐。宴会结束后，群臣面北再次行一拜三叩头礼，礼毕退场。

万历时期的内阁大学士申时行曾作立春日赐春饼诗一首，大致描绘了立春赐宴的过程。

紫宸朝罢听传餐[①]，玉饵琼肴出大官。
斋日未成三爵礼[②]，早春先试五辛盘[③]。
回风入仗旌旗暖，融雪当筵七箸寒。
调鼎十年空伴食[④]，君恩一饭报犹难。

（《立春日赐百官春饼》）

【注释】

①紫宸：借指帝王、帝位。传餐：泛指开饭。

②斋日：斋戒的日子。三爵：三杯酒。爵，雀形酒杯。

③五辛盘：即五辛菜。明人李时珍《本草纲目·菜一·五辛菜》："五辛菜，乃元日立春，以葱、蒜、韭、蓼蒿、芥辛嫩之菜，杂和食之，取迎新之意，谓之五辛盘。"

④调鼎：喻指治理国家。十年：泛数，指多年。

端午节

吃粽子、赛龙舟、插艾叶、佩香囊是当今的我们对于端午节的印象。端午节由来已久，与春节、清明节、中秋节并称中国四大传统节日。端午节，本是南方先民创立用于拜祭龙祖的节日。因传说战国时代的楚国诗人屈原在农历五月初五跳汨罗江自尽，后来人们亦将端午节作为纪念屈原的节日。东汉末年的时候出现了广东碱水粽，关于端午节的吃食古人也是颇为讲究的，即以草木灰水浸泡黍米；南北朝时期，出现杂粽，米中掺杂禽兽肉、板栗、红枣、赤豆等；宋朝时，已有“蜜饯粽”，即果品入粽。除了我们熟知的粽子之外，在《酌中志》的记载中还有加蒜过水面等极具特色的吃食。在向伏日过渡的时间中，明朝人还会依据时令，食长命菜以祈求长寿。

初五日午时，饮朱砂、雄黄、菖蒲酒[①]，吃粽子，吃加蒜过水面[②]。夏至伏日，吃长命菜，即马齿苋也[③]。(《酌中志》)

【注释】

①菖蒲：多年生草本植物，生在水边，地下有淡红色根茎，叶子形状像剑，肉穗花序。根茎可做香料，也可入药。菖蒲酒即以菖蒲为原料所制之酒。

②过水面：用凉水浸过的煮熟的面条。

③马齿苋：又名五行草，一年生草本植物，因其生命力极其顽强，故也称“长命菜”“长寿菜”。

腊　月

春节是中国人民从古至今最为重视的节日之一。春节前夕的一个月，百姓多忙碌于打扫卫生、准备鸡鸭鱼肉等过年食物等事情。在古代，农历十二月正是为春节做准备的重要阶段，家家户户都在为迎接新年的到来而忙碌。《酌中志》中记载的大量美味使我们看到了明朝时期宫廷为春节所做的细致的准备，各种美味佳肴从初一起就渐上餐桌，而不论是现在还是明朝，猪肉仿佛一直是百姓餐桌上的主要食物。除此之外，腊八节和祭灶也是年前重要的两个节令。腊八节节期在每年农历十二月初八，是佛教盛大的节日之一，这天是佛祖释迦牟尼成道之日，又称为“法宝节”“成道会”等。和腊八节最为相配的自然是腊八粥，又称“七宝五味粥”“佛粥”等，是一种由多样食材熬制而成的粥。本段文字记载了腊八粥的做法，让我们看到了明朝的腊八粥是如何制成的。

初一日起，便家家买猪，腌肉，吃灌肠①，吃油渣卤煮猪头，烩羊头，爆炒羊肚，炸铁脚小雀加鸡子、清蒸牛白②、酒糟蚶、糟蟹③、炸银鱼等鱼、醋溜鲜鲫鱼、鲤鱼。初八日，吃腊八粥，先期数日，将红枣捶破泡汤，至初八早，加粳米[4]、白果[5]、核桃仁、栗子、菱米煮粥[6]，供佛圣前。廿四日，祭灶蒸点心办年。(《酌中志》)

【注释】

①灌肠：将猪肥肠洗净，面粉、红曲等十余种原料配制成糊状，灌入肠内，煮熟后切小片块，用猪油煎焦，浇上盐水蒜汁，口味香脆咸辣。

②牛白：即牛胃，具有补益脾胃、补气养血的功效。

③糟蟹：明人顾元庆在《云林逸事》里所提，先将螃蟹略以盐水煮过，颜色一变便捞起，将蟹肉取出剁成小块，保留蟹壳，再将蟹肉丁填入蟹壳，于其上淋蜂蜜，加鸡蛋搅匀，再于鸡蛋上铺蟹膏，蒸至鸡蛋凝固即取出，食前淋上橙汁与醋食用。

④粳米：别名粳粟米，具有养阴生津、除烦止渴、健脾胃、补肺气的作用。

⑤白果：即银杏果，具有益肺气、治咳喘、止带浊、缩小便、平皱皱、护血管、增加血流量等食疗作用和医用效果。

⑥菱米：即菱角，食之能消暑解热，除烦止渴；熟食能益气健脾，祛疾强身。

万寿节

类似于今天的法定节假日，明代也有很多时令节日举国同庆。其中最重要的三个是正旦、圣节、冬至。圣节又称万寿节，历代皆有，叫法不一，是为皇帝庆祝诞辰日而设立的。同样诞辰性质的节日还有太皇太后、皇太后圣节，中宫千秋节，东宫千秋节。这些节日期间，百官朝贺，皇帝赐宴，皆由光禄寺供办宴食。以永乐年间为例，圣节和正旦节的饮食等级分为上桌、上中桌、中桌三等，将军和僧官的饮食单设。为了彰显皇帝的至高无上，圣节宴会的菜品非常丰富，菜肴点心一应俱全。

上桌按酒五般、果子五般、茶食烧炸凤鸡、双棒子骨、大银锭、大油饼、汤三品、双下馒头、马肉饭、酒五钟。上中桌按酒四般、果子四般、烧炸银锭油饼、双棒子骨、汤三品、双下馒头、马肉饭、酒三钟。中桌按酒四般、果子四般、烧炸茶食、汤三品、双下馒头、羊肉饭、酒三钟。僧官等用素桌按酒五般、果子、茶食烧炸、汤三品、双下馒头、蜂糖糕饭。将军按酒一般、寿面、双下馒头、马肉饭、酒一钟。(《明会典》)

食　礼

中国从古至今被誉为“礼仪之邦”，传说周公制礼作乐，自“礼”诞生之日起就对百姓的生活产生了重要影响。古代的“礼”不仅是约束我们日常生活的行为规范，对整个社会而言，也是等级身份的一种体现，在皇家宴会中等级性是其最大的特点。首先，宴会宴请名单的确定是根据官员的品级拟定的，文官多于武官。品级较低以及未入流的官员没有资格参加宴会。其次，在有幸前来赴宴的官员中，座位也是严格按照官员品级排定的。《明会典·宴礼》一节详细记载了关于宴会时，百官应当遵从的各项礼仪，可以说文武官员在赴宴时神经都必须保持高度紧张，不能大声喧哗，仪容仪表要得体，稍有不慎，便会被记录下来。

凡文武官遇筵宴。洪武初，令四品以上官，文东武西，各照品级上殿侍坐。五品以下，于殿下丹墀内文东武西[①]，各照品级序坐。……如在奉天门[②]，则四品以上官坐于门上，五品以下官坐于丹墀内。务要容止恭肃，不许搀越喧哗[③]。二十年，令百官于奉天、华盖、谨身[4]、武英等殿筵宴奏事，须穿履鞋[5]，方许上殿。违者，从礼部官、监察御史、礼仪司纠举[6]，送法司如律。嘉靖二十五年题准，光禄寺专掌贴注该宴职名。鸿胪寺专掌序列贴注班次。每遇筵宴，先期三日，光禄寺行鸿胪寺查取与宴官班次贴注。若贴注不明，品物不备，责在光禄寺。若班次或混，礼度有乖，责在鸿胪寺。(《明会典》)

【注释】

①丹墀：指宫殿的赤色台阶或赤色地面，因其以红色涂饰，故名丹墀。

②奉天门：皇帝接见大臣议事的地方，即“御门听政”之所。

③搀(chān)越：越出本分。

④奉天、华盖、谨身：这三大殿合在一起往往被人们称为前朝，是皇帝举行重大仪式、接见外国使节和处理政务的地方。其中，奉天殿最宏伟，是皇宫的正殿，俗称金銮殿。

⑤履鞋：指鞋。

⑥纠举：弹劾，揭发检举。

参加皇家宴会，除却要注意仪容仪表等外在礼仪等级之外，文武官员宴会所用菜品也等级分明。宴会菜品除专门进御的外，分为三等：上桌、中桌和上中桌或者上桌、中桌和下桌。不同等级的饭桌菜肴的区别主要在酒的种类、果子的种类、茶食的有无、主食的种类上。上桌的酒、果子、茶食的提供比中桌和下桌都丰富得多。下面一例是对元旦节宴请的记载，我们可以清晰地看到明代宫廷宴饮的等级性在菜品方面的反映。

永乐间，上桌茶食像生小花，果子五般，烧炸五般，凤鸡，双棒子骨，大银锭、大油饼，按酒五般，菜四色，汤三品，簇二大馒头，马、牛、羊胙肉饭[1]，酒五钟。上中桌茶食，像生小花，果子五般，按酒五般，菜四色，汤三品，簇二大馒头，马、牛、羊胙肉饭，酒五钟。中桌果子五般，按酒四般，菜四色，汤二品，簇二馒头，马、猪、牛、羊胙肉饭，酒三钟。随驾将军按酒，细粉汤，椒醋肉并头蹄，簇二馒头，猪肉饭，酒一钟。金枪甲士、象奴、校尉双下馒头。教坊司乐人按酒，熝牛肉，双下馒头，细粉汤，酒一钟。(《明会典》)

【注释】

①胙肉：祭祀时供神的肉。明朝常将祭祀完毕的祭品作为宴会的菜色。

“无酒不成席”“无酒不成礼”，能够称得上筵宴的会食，酒是必不可少的饮品，而行酒之礼则是宴礼的一个重要组成部分。早在西周时期，就已经建立了一套比较规范的饮酒礼仪，明朝筵宴中的每一次行酒始终伴随着音乐，音乐响起，内官和鸿胪寺序班为皇帝和群臣斟酒，饮讫，音乐停止。行酒的次数取决于筵宴的级别，大宴行酒九次，中宴行酒七次，常宴行酒五次或三次，行酒间除音乐外，还穿插着舞蹈。从《明史·礼志》中关于“大飨”礼仪的记载来看，明代宫廷宴饮的礼节是十分烦琐的，皇帝入座、出座、进膳、进酒均有音乐伴奏，仪式庄严隆重，处处体现出君尊臣卑，使得宫廷宴饮呈现出浓厚的礼乐文化氛围。

大宴行九爵礼，中宴仪同大宴，但进酒七爵，常宴仪同中宴，但百官一拜三叩头，进酒或三爵，或五爵而止。

光禄寺进御筵，大乐作。至御前，乐止。内官进花。光禄寺开爵注酒，诣御前，进第一爵。教坊司奏《炎精之曲》，乐作，内外官皆跪，教坊司跪奏进酒。饮毕，乐止。众官俯伏，兴，赞拜如仪。各就位坐，序班诣群臣撒花[①]。

第二爵，奏《皇风之曲》。乐作，光禄寺酌酒御前，序班酌群臣酒。皇帝举酒，群臣亦举酒，乐止。

……

第九爵，奏《驾六龙之曲》，进酒如初。光禄寺收御爵，序班收群臣盏。进汤，进大膳，大乐作，群臣起立。进讫复坐，序班供群臣饭食。讫，赞膳乐，乐止。撤膳，奏《百花队舞》。（《明史》）

【注释】

①序班：明清鸿胪寺之属官。掌殿廷行礼侍班、齐班、纠仪及传赞之事。

皇家举行的各种宴会，都十分注重礼节。在明朝，鸿胪寺这一机构就担任了宴会的侍者这一重要角色。鸿胪之名，始于汉朝。汉武帝时设大鸿胪，“鸿”是声，“胪”是传，传声赞导，就是鸿胪。梁置十二卿，鸿胪为冬卿，去大字，改署为寺。隋朝设鸿胪寺，掌蕃客朝会、吉凶吊祭，统典客、司仪、崇玄三署。唐初一度先后更名为同文寺和司宾寺，至唐中宗神龙年间复名鸿胪寺。鸿胪寺卿“掌宾客及凶仪之事，领典客、司仪二署，以率其官属，供其职务”。卿“掌四夷朝贡、宴劳、给赐、送迎之事及国之凶仪”。明朝鸿胪寺的设置和职务也与前代基本相同，在明宣宗所制的《鸿胪寺箴》以及《明史》中皆有体现鸿胪寺在宫廷宴饮礼仪中发挥重要作用之内容。

祗祗万邦，咸统于一。朝觐会同，其仪有秩。咨尔鸿胪，卿贰暨属。

时惟尔官，必庄以肃。必考于度，必协于中。无简无烦，周旋雍容。

惟动以周，惟一靡慝[①]。敬慎尔仪，庶光尔职。(《鸿胪寺箴》)

掌朝会、宾客、吉凶仪礼之事。凡国家大典礼、郊庙、祭祀、朝会、宴飨、经筵[②]、册封、进历[③]、进春、传制[④]、奏捷[⑤]，各供其事。外吏朝觐，诸蕃入贡，与夫百官使臣之复命、谢恩，若见若辞者，并鸿胪引奏。岁正旦、上元、重午、重九、长至赐假、赐宴，四月赐字扇、寿缕，十一月赐戴暖耳，陪祀毕，颁胙赐，皆赞百官行礼。司仪典陈设、引奏，外吏来朝，必先演仪于寺。司宾典外国朝贡之使，辨其等而教其拜跪仪节。鸣赞典赞仪礼。凡内赞、通赞、对赞、接赞、传赞咸职之。序班典侍班、齐班、纠仪及传赞。(《明史》)

【注释】

①靡慝：不变更。

②经筵：御前讲席。

③进历：进呈日历。

④传制：传达制令。

⑤奏捷：报告取得胜利。

明宫饮食机构：内廷和外廷

内　廷

宫廷饮食的备办是烦琐和庞杂的。要想将工作顺利完成，光禄寺是需要与其他饮食部门相互配合的。尚膳监是除光禄寺外规模最大的饮食机构了。如果说光禄寺是国家的饮食总管，那么尚膳监则是皇帝的私人饮食总管。一个代表国，一个代表家。尚膳监的工作核心是准备御膳。在准备御膳之余，还需要督促光禄寺办好筵宴饮食。尚膳监备办饮食的物料，皆从光禄寺处领取，严格执行取用制度。

掌印太监一员，提督光禄太监一员，总理一员，管理、佥书、掌书、写字、监工及各牛羊等房厂监工无定员，掌御膳及宫内食用并筵宴诸事。

职掌造办。每日早午晚奉先殿供养膳品[①]。……至如南京等

处进各样鲜品，皆属收纳。(《酌中志》)

【注释】

①奉先殿：明清皇室祭祀祖先的家庙，始建于明初。

尚食局设立于隋，但渊源于秦，时为少府的属官，负责掌管皇帝的饮食。到了北魏，尚食隶属门下省，转管御膳。隋时，设立尚食局，隶属门下省，但规模较小，此时，光禄寺负责饮食的制作，尚食局负责食品的试吃和进御。

明洪武五年（1372），设立尚食局。此后，尚食局的膳食职能和权力明显被削弱了。光禄寺的御膳制作交给了尚膳监，原本由光禄寺和尚食局两家共同完成的工作被尚膳监介入，尚食局的一些职能被尚膳监替代。试吃御膳成了尚食局最重要的职能。

尚食局，尚食二人，掌膳羞品齐之数。凡以饮食进御，尚食先尝之。领司四：司膳，掌割烹煎和之事①。司酝，掌酒醴酏饮之事②。司药，掌医方药物。司饎，掌廪饩薪炭之事③。

【注释】

①割烹煎和：烹调食物之意。

②酒醴酏饮：酒和醴，亦泛指各种酒。酏饮，指米酒、甜酒、黍酒。

③廪饩（xì）：由公家供给的粮食之类的生活物资。

除却正式的饭菜之外，古时皇帝以及后宫的嫔妃也热衷于甜食的品尝，并以此专门设立了甜食房以供应皇家对甜食的需求。明朝，甜食房是专门为皇帝制作甜食设立的机构。甜食的制作和工具的选用全由甜食房内官自择。其甜食的配方隐秘，外间不可知。因而制作出来的甜食味道好、品质优，常作为赏赐各宫和阁臣的佳品。在《酌中志》中就记载了当时最负盛名的丝窝虎眼糖，因民间不能买到，甚为珍贵。

掌房一员，协同内官数十员。经手造办丝窝虎眼等糖，裁松饼减炸等样一切甜食。于内官监讨取戗金盒装盛[①]，进安御前，兼备进赐各宫及钦赐阁臣等项。其造法器具皆内臣自行经手，绝不令人见之。是以丝窝虎眼糖外廷最为珍味。又七月十五进献波罗蜜，亦所造也。（《酌中志》）

【注释】

①戗金：在器物图案上嵌金。

酒品在古代宫廷和民间生活中也充当了重要角色，无论是祭祀还是日常生活皆能频繁用到酒。在明朝专门设立了酒醋面局以及御酒房，但这两个机构并列无隶属关系。酒醋面局是掌宫内造办酒、醋、面、糖等酒饮及调料的管理局，承办后宫全年所用酒饮。京师的人将酒醋面局造办的酒称为内酒。内酒之中，另有两酒，专供进御。一为新酒，一为熟酒。御酒房是设立专掌御用酒的酒房。与酒醋面局不同，御酒房所酿造酒只供进御，且品种固定。

酒醋面局，掌印太监一员，管理，佥书、掌司、监工无定员，掌宫内食用酒醋、糖酱、面豆储务与御酒房不相统辖。

御酒房，提督太监一员，佥书数员。专造竹叶青等酒[①]，并糟瓜茄。(《酌中志》)

【注释】

①竹叶青：竹叶青酒。以黄酒加竹叶合酿而成的配制酒。

外　廷

宫廷饮食是中国饮食史上的最高文化层次，包括整个皇家禁苑中数以万计的庞大食者群的饮食活动，以及由国家膳食机构以国家名义进行的饮食活动。《周礼》中，便有对周王宫廷饮食制度的明确记载。其后历代对饮食制度皆有传承和发展。到明代时，已形成一套成熟完整的宫廷饮食制度。这一时期，饮食机构主要分外廷和内廷，外廷饮食机构——光禄寺，是国家官署的一部分，负责以国家或朝廷的名义举办的各种祭祀、宴饮的饮食。西汉时期，出现“光禄”二字，但此时光禄的职责为掌宫殿掖门户，光禄开始兼有膳羞职能始于北齐。隋时，光禄寺成为专管膳食的宫廷饮食机构，后代沿袭，《明史》中的职官部分记载了明朝光禄寺的职责的详细情况，其职责大致可分为祭享、宴劳、膳羞三类。

掌祭享[①]、宴劳[②]、酒醴[③]、膳羞之事[④]，率少卿、寺丞官属，辨其名数[⑤]，会其出入[⑥]，量其丰约，以听于礼部。凡祭祀，同太常省牲[⑦]；天子亲祭，进饮福受胙[⑧]；荐新[⑨]，循月令献其品物；丧葬供奠馔。所用牲、果、菜物，取之上林苑。不给[⑩]，市诸民，视时估十加一[⑪]，其市直季支天财库。四方贡献果鲜厨料，省纳惟谨[⑫]。器皿移工部及募工兼作之，岁省其成败。凡筵宴酒食及外使、降人，俱差其等而供给焉。传奉宣索[⑬]，籍记而覆奏之。(《明史》)

【注释】

①祭享：陈列祭品祀神供祖。

②宴劳：设宴慰劳。

③酒醴：酒和醴，亦泛指各种酒。

④膳羞：美味的食品。

⑤名数：指名位礼数。

⑥会：计算。

⑦省牲：指古代祭祀前，主祭及助祭者须审察祭祀用的牲畜，以示虔诚。

⑧饮福：祭祀完毕饮食供神的酒肉，以求神赐福；泛指祭毕宴饮。受胙：指接受胙肉。

⑨荐新：以时鲜的食品祭献。

⑩不给：供应不上。

⑪估十加一：指比照市价加十分之一购买。

⑫省纳惟谨：省察收取十分谨慎。

⑬传奉宣索：指皇上下旨所要的。

文化名人，也是美食家

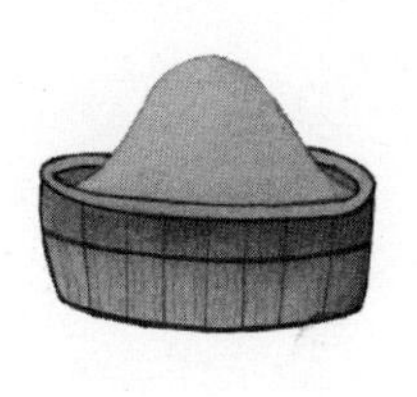

韩奕的精美食经:《易牙遗意》

韩奕，字公望，号蒙斋。好游览山水，博学工诗，因推崇名厨易牙而托其名撰写了一本《易牙遗意》。《易牙遗意》虽托名齐桓公时的名厨易牙，但实际是一部仿古代食经之作。全书共二卷，上卷分酿造、脯鲊、蔬菜等三类，下卷分笼造、炉造、糕饵、汤饼、斋食、果实、诸汤、诸茶、食药等九类。全书共记载了 150 多种调料、饮料、糕饼、面点、菜肴、蜜饯、食药的制作方法，内容非常丰富。

韩奕在《易牙遗意》中将酝造类放在第一位，记录了多种美酒的酿造方法，有桃园酒、香雪酒、碧香酒、腊酒、建昌红酒等。其中桃园酒的方子从武陵桃花源中得到。

桃园酒　白曲二十两锉如枣核，水一斗浸之，待发。糯米一斗淘极净，炊作烂饭，摊冷。以四时消息气候投于曲汁中[①]，搅如稠粥。候发，即更投二斗米饭，尝之或不似酒，勿怪。候发，又投二斗米饭，其酒即成矣。如天气稍暖，熟后三五日，瓮头有澄清者[2]，先取饮之，纵令酣酌，亦无伤也。此本武陵桃源中得之[3]，后被《齐民要术》中采掇编录，皆失其妙，此独真本也。今商议以空水浸米尤妙[4]，每造一斗，水煮取一升澄清汁，浸曲俟发。经一日，炊饭候冷，即出瓮中，以曲麦和，还入瓮内，每投皆如此。其第三、第五皆待酒发后经一日投之。五投毕，待发定，讫一二日可压，即大半化为酒。如味硬，即每一斗蒸三升糯米，取大蘗曲大匙，白曲末一大分，熟搅和，盛葛布袋中，纳入酒瓮，候甘美即去其袋。凡造酒，北方地寒，即如人气投之[5]，南方地暖，即须至冷为佳也。

建昌红酒　用好糯米一石，淘净，倾缸内，中留一窝，内倾下水一石二斗。另取糯米二斗，煮饭摊冷，作一团，放窝内，盖讫。待二十余日，饭浮浆酸，漉去浮饭[6]，沥干浸米。先将米五升淘净，铺于甑底[7]，将湿米次第上去。米熟略摊，气绝[8]，番在缸中，盖下。取浸米浆八斗，花椒一两，煎沸，出镬，待冷，用白曲三斤捶细，好酵母二碗，饭多少如常酒。放酵法，不要厚了。天道极冷放暖处，用草围一宿。明日早将饭分作五处，每处放小缸中，用红曲一升[9]，白曲半升，取酵亦作五分，每分和前曲、饭同拌匀，踏在缸内。将余下熟米尽放面上，盖定。候二日打扒。如面厚，三五日打一遍。打后，面浮涨足，再打一遍，仍盖下。十一月二十五日，十二月、一月熟，正月二十日熟。余月不宜造榨取澄。并入白檀少许，包裹，泥定。头糟用熟水，随意加入多少，二宿便可榨。

【注释】

①以四时消息气候：为看四季的温度、气候之意。

②瓮头有澄清者：指瓮口（酒坛的上层）出现澄清的酒。

③此本武陵桃源中得之：这个（桃园酒的）方子是从武陵桃花源中得到的。武陵，郡名，郡治在今湖南省常德市。桃源，桃花源。

④商议：研究。

⑤人气：指和人体温差不多的温度。

⑥漉（lù）去：捞去。

⑦甑（zèng）：古代蒸食炊器。

⑧气绝：热气散尽。

⑨红曲：是将红曲霉培养在稻米上制成的，为我国古代劳动人民利用微生物加工食品的一项创造。红曲可以用来制红酒，但主要用途是做食物的着色剂和保存剂。

酒，素有“百药之长”之称，将强身健体的中药与酒“溶”于一体的药酒，配制方便、药性稳定、安全有效。中国人对酒的研究与运用，可谓炉火纯青，韩奕《易牙遗意》中的红白酒药就是其代表，他将具有不同功效的植物如苍术、香附、黄柏等入酒，从而达到补气治病的效果。看到韩奕的方子，我们不得不感慨古人智慧的强大。

红白酒药 用草果五个[①]，青皮[②]、官桂、砂仁、良姜、茱萸、光乌各二斤[③]，陈皮、黄柏[④]、香附[⑤]、苍术[⑥]、干姜[⑦]、野菊花、杏仁各一斤，姜黄[⑧]、薄荷各半斤，每药末三斤，粳米粉一斗，辣蓼三斤或五斤[⑨]，水姜二斤，舂汁，和滑石末一斤四两，如常法盦之[⑩]。上等料更加荜拨[⑪]、丁香、细辛、三赖[⑫]、益智、丁皮、砂仁各四两。凡酒内止可用砂仁，余药皆不可用。其外桑椹、松枝，可和炊饭入缸内，橘皮、沉香、木香、檀香，可入酒，皆取其香。红曲入酒，取其色。地黄、黄精入酒[⑬]，取其补益也。

【注释】

①草果：味辛，性温。有燥湿、祛痰、散寒等作用。

②青皮：未成熟的橘子的果皮。味辛苦，性温。有平肝止痛、健胃消食等功用。

③光乌：乌头。性温热，主要应用于风湿痛及跌打伤病等病症。有毒性，故一般须经炮制后再行使用（称制乌头）。

④黄柏：一种属于芸香科的落叶乔木，其树皮作药用。味苦、寒，有解热、清火、解毒、清湿热等功效。

⑤香附：为莎草科多年生草本植物。莎草的干燥根茎，又名香附子。有理气解郁、调经、止痛等功用。

⑥苍术：为一种属于菊科的多年生草本植物，其根茎作药用。有健胃、化湿、祛风、发汗及治疗目疾等功效。

⑦干姜：淡干姜。是将生姜晒干后，用开水浸泡，减少它

的辣味，再切片、晒干制成的。有温里祛寒的功效。

⑧姜黄：姜科。根茎黄色，有香气，为调味剂（咖喱原料）。亦可入药，能行气活血。

⑨辣蓼：中药名。蓼科植物水蓼的全草。古代制曲时常用。

⑩盦（ān）：同“庵”。这里为腌的意思。

⑪荜拨：胡椒科。多年生藤本，叶卵状心形，花小。浆果卵形。原产印度尼西亚、菲律宾等地。中医学上以干燥果穗入药，性热、味辛，功能温中暖胃，主治胃寒腹痛、呕吐泄泻等症。

⑫三赖：即“三奈”，亦称“山奈”“沙姜”。姜科。根茎作药用，也作香料。

⑬黄精：为一种属于百合科的多年生草本植物，其根茎作药用，有补气、润肺、生津等功效。黄精一般都是蒸熟后应用，蒸熟后呈黄黑色，滋膏很多，有一股糖香气，味甜。

醋是中国各大菜系中传统的调味品。据现有文字记载，中国古代劳动人民以酒作为发酵剂来发酵酿制食醋。东方醋起源于中国，据有文献记载的酿醋历史至少也在三千年以上。“醋”中国古称“酢”“醯”“苦酒”等。“酉”是“酒”字最早的甲骨文。同时把“醋”称之为“苦酒”，也同样说明“醋”是起源于“酒”的，这也是韩奕将其与酒放在一类的原因之一。醋在中国菜的烹饪中有举足轻重的地位，常用于熘菜、凉拌菜等。关于明朝醋的制作方法，韩奕在《易牙遗意》中列举了三种方法。

用粳、糯米，不拘糙与白皆可[①]。以七升五合[②]，水浸三日炊饭，白曲一斤半，秤水二十五斤和匀，入瓮，厚纸五层密封。五十日熟。二醋下水十二斤[③]，三醋下水八斤。春秋二社皆可造[④]。亦有以米养成黄子者。

又法：正立伏日，粳米糙白皆可，粞亦可[⑤]。五斗，水浸，一日一换水，七次，炊饭入瓮内。候七日下水，其饭一斗，对水一斗，下后每日打二次[⑥]。候熟，滤过醋糟，煎过入瓶内，放糙米一撮尤妙。

又法：二斗米浸二日，蒸饭，和麸皮一斗，罨成黄子[⑦]，晒干。再用米炊饭二斗，乘热和前黄子，十分捺实在缸内。一斗米下二斗水，缸上用盖密封，候其熟，用茴香煎煮入瓶。须正伏中造。

【注释】

①不拘糙与白皆可：不管米粗糙不粗糙、白不白，都可以用来造醋。

②合（gě）：容量单位，一升的十分之一。

③二醋：第二次加水后成的醋。

④社：社日。古代祀社神的日子，一般在立春、立秋后第五个戊日。

⑤粞（xī）：碎米。

⑥打：搅拌之意。

⑦罨（yǎn）成黄子：指覆盖发酵物，保湿保温，以利霉菌发育，长成黄色孢子。

豆酱是中国特色传统调味品，有黄豆酱、豆瓣酱、豆面酱等类型。豆酱是用各种豆类食品炒熟磨碎后发酵而制成的，产地有山东、河南、四川、重庆、河北、江苏、山西、陕西、安徽、浙江等地，味道既有类似又有不同之处。酱的酿造最早是在西汉。西汉元帝时的史游在《急就篇》中就记载有："芜荑盐豉醯酢酱。"唐人颜氏注："酱，以豆合面而为之也，以肉曰醢，以骨为肉，酱之为言将也，食之有酱。"从古人的记载和注解中可以看出，豆酱是以大豆和面粉为原料酿造而成的。韩奕所记载的豆酱同样是以黄豆为基础食料所制成的酱，并普遍用于调味。值得一提的是，韩奕还描述了酱油的制作过程。

用黄豆一石，晒干，拣净，去土，磨去壳，沸汤泡浸，候涨[1]，上甑蒸糜烂。停如人气温[2]，拌白面八十斤，官秤，或七十斤，摊芦席上约二寸厚，三五日黄衣上[3]，翻转再摊，罨三四日，手挼碎盐五六十斤[4]，水和[5]，下缸拌抄，上下令匀。以盐掺缸面[6]，其盐宜淋去灰土草屑。水宜少下，日后添冷盐汤[7]。大抵水少则不酸，黄子摊薄则不发热，且色黄。厚则黑烂且臭[8]。下缸后遇阴雨，小棒撑起缸盖，以出其气。炒盐停冷掺其面。天晴一二日，便打转令白[9]，频打令其匀，且出热气。须正伏中造[10]。

用大麦磨粉[11]，其色味尤甜而黑，汁且清[12]。凡酱止宜周岁[13]，过则味减矣。

黄豆去衣，取一斗净者下盐六斤[14]，下水比常法增多。熟时其豆在下，其油在上也。

【注释】

①候涨：等黄豆浸泡得涨开了。

②人气温：指人的体温。

③黄衣上：指豆子上长出了“黄衣”。这是曲菌（一种丝状菌）在豆子上生育、繁殖出来的。因为曲菌孢子呈黄绿色，故叫“黄衣”。

④手挼（ruó）：用手揉搓。

⑤水和：用水和盐，使其溶化。

⑥以盐掺缸面：用盐洒在缸面上。掺，混合之意。

⑦冷盐汤：冷的盐开水。

⑧厚则黑烂且臭：“黄子”摊得过厚则容易发黑变烂而且会发出臭味。

⑨白：为“匀”之误。

⑩伏：伏天。

⑪用大麦磨粉：指用大麦磨粉之后做酱。

⑫汁：酱汁。

⑬凡酱止宜周岁：大凡酱只适合放一年的时间。

⑭净者：指干净的黄豆。

腊肉是指肉经腌制后再经过烘烤（或日光下曝晒）的过程所制成的加工品。腊肉的防腐能力强，能延长保存时间，并增添特有的风味，这是与咸肉的主要区别。腊肉在中国南北方均有出产，南方以腌腊猪肉较多，北方以腌牛肉为主。腊肉种类繁多，同一品种，又因产地、加工方法等的不同而各具特色。以原料分，有猪肉、羊肉及其脏器和鸡、鸭、鱼等之分；以产地而论，有广东、湖南、云南、四川等之别；因所选原料部位等的不同，又有许多品种。韩奕的《易牙遗意》中主要记载了腊肉的三种做法。

肥嫩豮猪肉十斤[①]，切作二十段。盐八两，酒二斤，调匀，猛力搙入肉中，令如绵软。大石压去水痕[②]，十分干。以剩下所淹酒调糟，涂肉上，以篾穿之，挂通风处。

又法：肉十斤，先以盐二十两煎汤，澄清取汁，将肉置汁中，二十日取出，挂通风处。

又法：夏月盐肉，须用炒盐擦入匀。腌一宿挂起，见有水痕，便用大石压去水干，挂风中。

【注释】

①豮（fén）猪：阉割过的猪。

②水痕：指猪肉中的水分。

关于猪牛羊等家禽肉类的做法，高濂的《遵生八笺》主要借鉴韩奕的《易牙遗意》中菜品以及做法，如臊子蛤蜊、大熝肉、炉焙鸡等，这些菜品的做法几近相同，在这不过多赘述。此篇主要列举韩奕《易牙遗意》中关于鹅肉、猪肉、鱼肉的几种做法。

带冻姜醋鱼：鲜鲤鱼切作小块，盐淹过[①]，酱煮熟，收出，却下鱼鳞及荆芥同煎滚[②]，去查[③]，候汁稠，调和滋味得所[④]。用锡器密盛，置井中或水上，用浓姜醋浇。

盏蒸鹅[⑤]：用肥鹅肉，切作长条丝，用盐、酒、葱、椒拌匀，放白钱内蒸熟，麻油浇供[⑥]。

又法：鹅一只，不剁碎，先以盐淹过，置汤锣内蒸熟[⑦]。以鸭弹三五枚洒在内[⑧]，候熟，杏腻浇供[⑨]，名杏花鹅。

箄条巴子[⑩]：猪肉精肥各另切作三寸长条[⑪]，如箄子样，以砂糖、花椒末、宿砂末调和得所[⑫]，拌匀，晒干，蒸熟。

酥骨鱼：大鲫鱼治净，用酱、水、酒少许，紫苏叶大撮，甘草些少，煮半日，候熟供食。

【注释】

①淹：应为“腌”。

②却下鱼鳞：除下鱼鳞。

③查：应为“渣”。

④调和滋味得所：将味道调和适宜。

⑤盏：原指浅而小的杯子，这里指用来蒸东西的浅盆。

⑥麻油浇供：浇上麻油供食。

⑦汤锣：一种蒸器。

⑧鸭弹：鸭蛋。

⑨杏腻：似指杏酪。用杏仁做成的一种糊状食品。

⑩筭（suàn）：计算用的筹。筭，通“算”，作筹划解，所以古代一些菜谱中将“筭条巴子”又写作“算条巴子”。

⑪精：瘦的。

⑫宿砂末：砂仁末。

笼造类食物，即使用蒸笼一类的炊具将各种以面粉为基础的食料通过上火蒸的方式做熟的食物。笼造类食物在中国饮食生活中占有极为重要的地位，韩奕在《易牙遗意》中专列笼造类一章详细介绍明代点心、包子、饼、馒头、水明角儿的做法，这些食物几乎都要经过发酵的步骤，关于发酵的步骤以及注意事项，韩奕记录得非常清楚。

大酵：凡面用头罗细面，足秤，双斤十个[①]，十分上白糯米五升，细曲三两，红曲、发糟四两。以白糯米煮粥，面打碎[②]，糟和温汤，同入磁钵，置温暖处。或重汤一周时，待发作[③]，滤粕取酵[④]。凡酵稠厚则有力。如用不敷[⑤]，温汤再滤较足[⑥]。天寒水冻则一周时过半盏，须其正发方可用和面。分作其面三四次，和酵成剂。其起发，搦匀[⑦]，擀成皮子。包馅之后，布盖于烧火处[⑧]。如天冷，左右生火以和之[⑨]。必须面性起，发得十分满足，可以浮水，方可上笼。发火猛烧，直至汤气透起到笼顶盖。一发火即定[⑩]，不可再发火矣。若做太学馒头用酵硬，名曰“搭酵”。

小酵：用碱，以水或汤搜面如前法。其搜面，春秋二时用春烧沸滚汤[⑪]，点水便搜[⑫]。夏月滚汤，胆冷[⑬]，大热用冷水[⑭]。冬月百沸汤点水，冷时用沸汤便搜。饼同法。

又法：用酒糟面晒干收贮。每用酌量多少，以滚汤泡，放温暖处。候起发，滤其汁和面，如“大酵法”蒸造。

麄馅[⑮]：十分为率羊肉馅[⑯]，用羊肉二斤薄切，沸汤略焯过，羊脂半斤，切骰子块，生姜末四两、橘皮丝二钱、杏仁五十个、盐一合、葱白四十茎，同切剁烂。任意馒头、馄饨俱可。

水明角儿[⑰]：白面一斤，滚汤内逐渐散下，不住手搅作稠糊，分作一二十分[⑱]，冷水浸至雪白，放按上拥出水[⑲]，入豆粉对半，搜作剂[⑳]，薄皮。与馒头同法。

【注释】

①十个：疑为衍文。

②面：疑为“曲”之误。曲呈块状，所以要“打碎”后用以发酵。

③发作：发酵。

④滤粕取酵：滤去糟粕，取用酵。

⑤不敷：不足，不够。敷，够，足。

⑥辏足：凑足。辏为“凑”之误。

⑦搙匀：揉匀。

⑧布盖于烧火处：用布将包馅后的点心盖住放在烧火的地方，以防面冷却。

⑨左右生火以和之：用酵和面时，左右要生火，以防过冷，面发不好。这是对前面“和面”的补充说明。

⑩一发火即定：一生火就要烧到点心蒸熟（中途不能停火）。“定”有定局之意，这里指将点心蒸成功。

⑪春烧沸滚汤：即烧滚的开水。“春”疑为衍字。

⑫点水便搜：加点冷水便和。

⑬胆冷：看到开水冷却了（再用）。“胆”疑为“瞻”之误。瞻，看。

⑭大热：指天气特别热。

⑮麄（cū）馅：粗馅儿心。麄，古同“粗”。

⑯十分为率：分成十份之意。

⑰水明角儿：为一种烫面制品。

⑱分：同“份”。

⑲按：应为“案”，指案板。拥出水：让水慢慢流出之意。

⑳搜作剂：糅合并做成面剂。

中国古代的饼花样很多，但大多数都使用专制的炉具进行烹制，所以食家把饼食归于炉造类。韩奕《易牙遗意》卷下专门介绍炉造类的面食，其中列举了椒盐饼、酥饼、风消饼、肉油饼等。诸饼用料各异，但制熟方法只有两种，一种是把饼入炉内烤熟，一种是放在鏊子上熯熟。

椒盐饼：白面二斤、香油半斤、盐半两、好椒皮一两[①]、茴香半两。三分为率[②]。以一分纯用油、椒、盐、茴香和面为穰，更入芝麻麄屑尤好，每一饼夹穰一块，捏薄入炉。

酥饼：油酥四两、蜜一两、白面一斤，搜成剂。入脁作饼[③]，上炉。或用猪油亦可，蜜用二两尤好。

雪花饼：用十分头罗雪白面，蒸熟，十分白色。凡用面一斤，猪油六两，油半斤[④]，糖猪脂切作骰子块[⑤]，和少水，锅内熬烊[⑥]，莫待油尽，见黄焦色，逐渐舀出，未尽再熬再舀，如此则油白。和面为饼。底熬盘上，略放草柴灰，上面铺纸一层，放饼在上熯[⑦]。

麻腻饼子[8]：肥鹅一只煮熟，去骨，精肥各切作条子，用焯熟韭菜、生姜丝、茭白丝、焯过木耳丝、笋干丝，各排碗内，蒸热麻腻并鹅汁，热滚浇[9]。饼似春饼，稍厚而小。每卷前味食之[10]。

烧饼面枣：取头白细面，不俱多少[11]。用稍温水和面极硬剂，再用擀杖押倒，用手逐个做成鸡子样饼[12]，令极光滑。以快刀中腰周回压一豆深[13]，锅内熬白沙炕熟[14]，若面枣。以白土炕之，尤胜白沙。又擀饼着少蜜，更日不干。

【注释】

①椒皮：花椒皮。实际指花椒末。

②三分为率：指将面分成三份。

③胱：原指"膀胱"。此处指一种模子。

④油：指香油。

⑤糖猪脂：糖疑为"将"之误。猪脂，即前面所说的"猪油六两"。

⑥烊：溶化。

⑦熯（hàn）：烘焙之意。

⑧麻腻：麻酪。用芝麻泥做成的一种糊状食物。

⑨热滚浇：乘麻腻、鹅汁煮得滚热之时浇到盛菜的碗中。本句应为"热滚浇之"，之，代指盛在碗中的各种菜蔬。

⑩前味：指前面配制好的熟菜。

⑪俱：为"拘"之误。

⑫鸡子样饼：鸡蛋一样的饼。

⑬以快刀中腰周回压一豆深：用快刀在鸡蛋形面饼的腰部压出一圈一道挨一道的约一颗黄豆直径那样深的细痕。这是为了使鸡蛋饼像枣子。

⑭锅内熬白沙炕熟：锅里放白沙，将白沙炒热，然后放入枣形面饼，用热沙将其炕熟。

除了笼造类、炉造类外，还有一类食物占据了百姓的饮食生活——糕饵类。与前两者相比，糕饵类的食物原料基本为米类，如糯米、粳米等；做法上基本以蒸为主，偶有以滚烫之水煮之。韩奕在《易牙遗意》中记载的有藏粢、裹蒸、夹砂团、生糖糕、香头、粽子等糕饵类的具体做法，可以使我们对明代的糕类食物有所了解。

藏粢：澄细糖豆沙[①]，入薄荷少许，澄细糯米粉[②]，擀薄皮子，包豆沙，卷如筒子，蒸之。

裹蒸：糯米淘净，蒸软熟，和糖拌匀，用箬叶裹作小角儿，再蒸。

夹砂团：砂糖入赤豆或绿豆沙，捻成一团，外以生糯米粉裹作大团，蒸或滚汤内煮。

生糖糕：粳米四升，糯米半升，春秋浸一二日，捣细。蒸时用糖和粉，捏作碎块，排布粉内。候熟，搦成剂，切作片。

香头：砂糖一斤，大蒜三囊，大者切作三分[③]，带根葱白七茎、生姜七片、射香如豆大一粒，各置各件瓶底，次置糖在上，先以花箬扎之，次以油单纸封[④]，重汤内煮周时，经年不坏。临用，旋取少许便香。

粽子：用糯米淘净，夹枣、栗、柿干、银杏、赤豆以茭叶或箬叶裹之[⑤]。

又法：以艾叶浸米裹[⑥]，谓之“艾香粽子”。凡煮粽子必用稻柴灰淋汁煮，亦有用许些石灰煮者，欲其茭叶青而香也。

【注释】

①澄细糖豆沙：澄细豆沙加糖制成。澄细豆沙，将赤豆煮熟，用筛子擦去外皮，将细沙连水放在布袋中，沥干水分而成。

②澄细糯米粉：用好糯米淘净，浸半天，带水磨成粉，然后盛放在布袋中，沥干水分而成。

③三分：切作三片。

④封：封瓶口。

⑤茭叶：菰叶。

⑥以艾叶浸米裹：用艾叶和米放在水中浸泡，然后再裹成粽子。艾，多年生草本植物，叶子有香气，可入药。

斋食是指以蔬菜豆制产品为主的食物，也有表示肉少食物的称呼。韩奕《易牙遗意》卷下中特分“斋食”一类对其进行介绍，有造粟腐、麸鲊、煎麸、五辣酱四种食物。造粟腐以绿豆为原料，麸鲊、煎麸以麸筋、麸坯为原料，五辣酱的成分以花椒、胡椒等植物为原料。

麸鲊[①]：麸切作细条，一斤，红曲末染过[②]。杂料物一斤，笋干、罗卜、葱白皆切丝，熟芝麻、花椒二钱，砂仁、莳萝、茴香各半钱，盐少许，熟香油三两，拌匀供之。

煎麸：上笼麸坯，不用石压，蒸熟。切作大片，料物、酒浆煮透，晾干。油锅内煎浮用之。

五辣酱：酱一匙，醋一盏，砂糖少许，花椒、胡椒各五十粒，生姜、干姜各一分，砂盆内研烂。可作五分供之。一方[③]，煨葱白五分，或大蒜少许[④]。

【注释】

①麸鲊：面筋鲊。麸，麸筋（面筋）的省称。鲊，指腌制的鱼，亦指用米粉、面筋等加盐和其他作料拌制的菜，可以贮存。这里麸鲊的制法略有变化。

②红曲末染过：用红曲末将面筋条染成红色。

③一方：另一种制法。

④煨葱白五分，或大蒜少许：指在酱中加入煮过的葱白五分，或者少量大蒜。

明·商喜明 《宣宗行乐图》(局部)

该画作是明代早期传世宫廷绘画中仅见的一幅堂皇巨作。主要记录了明宣宗朱瞻基游乐观赏蹴鞠的情景，生动地展现了明朝皇室奢华的宫廷生活。

该画描绘了明代宫廷里元宵节行乐的实况。反映了成化二十一年（1485）明宪宗朱见深元宵节当天在内廷观灯、看戏、放爆竹行乐的热闹场面，是一幅反映宫廷生活的风俗画。

明·佚名 《明宪宗元宵行乐图》(局部)

明·陈洪绶《蕉林酌酒图》

果实类如橘子、梅子等除了可以直接食用之外，明朝的百姓还将其加工成不同味道、不同形状的果干、果脯，给明朝的饮食生活增加一抹色彩。韩奕《易牙遗意》记录了19种果实类食物，其中有以桃、梅、橘为原料制成的果脯，还有以大黑豆、马豆等豆子为原料制成的小食，品类丰富，制作方法简单易上手，通过这些果实类食物可见明朝民间百姓的智慧之大。

糖橘：洞庭塘南橘一百个，宽汤煮过[①]，令酸味十去六七。皮上划开四五刀，捻去核，压干，留下所压汁，和糖二斤，盐少许，没其橘，重汤顿之[②]。日晒，直至卤干乃收。

又法：只用盐少许，以甘草末，略以汤浸其橘。取起，眼干[③]。以火熏之。

糖脆梅：官成梅一斤。此梅肉多核小圆者佳。飞盐一两，白矾半两，量水调匀，下缸，浸梅子没至背，五六日后梅黄，量数漉出[④]，以水淋盐矾去气味尽[⑤]。每个切去核，再下白水浸一宿，令味淡。若尝得味酸，再换水浸至淡。滚汤焯过，沥干。滚糖浆[⑥]，候温，浸一宿漉出。再将糖浆滚热，焯过，沥干，待梅并糖浆温并浸梅在糖浆内。如浆浓，则可久留，温则梅不皱。煮须如此，再漉再浸，三五次则佳矣。

灌藕：大茎生藕，取中段，用琼芝煎汤[⑦]，调沙糖灌入其孔内，顶上半寸许油纸扎定，放水缸内。鱼鳞煎汤尤佳，可入

“香头”。熟藕，用绿豆粉浓煎糖汤，生灌藕孔中，依前法扎定，蒸熟。

凉豆：马豆一升二合[8]，拣去小者，水淘净，烘干。剥头灰汁[9]。砂锅内入生姜二小块，切片，淡竹叶一把，不解把[10]，茭白二块，捶碎，炭火煮。逐旋入灰汁，煮酥烂为度。漉起，以水淋净入锅。宽着水，煮三五次，沸又再换水，白芷三块煮，以豆无灰气为度。漉干。别以好糖一斤，足秤，水一小碗，熬糖三四沸，滤柤[11]。先以糖三分之一和汤一半，砂锅内熬浓，待温入豆。微以火温之，不令至热。如此三两时，却漉豆令干。别温所留二分糖，令热入豆。

入香法（此为上述凉豆的另一种制法）：射香少许，入生姜汁三两，滴磨于盛豆之器底，即热糖并豆投之[12]，密覆，勿令泄气。报法如过一二日漉豆起，令干。却入以元糖汁，随意多少，加糖再熬数次，候糖温入豆，复浸。移时再漉出，熬如前，候糖温入豆。若有余，每用前法熬之，日一次。

糖姜：嫩姜一斤，汤煮去其辣味六七分，砂糖四两煮六七分开，再换糖四两煮干。如嫌味辣，再依前煮一次。其煮剩糖汁，留下调汤。

桃杏干：桃、杏用汤入盐少许略焯过，晾干水，蒸而晒之。一枚切作三四片。

【注释】

①宽汤煮过：用较多的开水将橘子煮一煮。

②顿：即炖。

③眼：同“晾”。

④漉出：捞出。漉，这儿有滤的意思。

⑤以水淋盐矾去气味尽：用水淋洗梅子，洗掉梅子上的盐水、矾水，并逐渐把梅子肉中的盐、矾的气味洗尽。

⑥滚糖浆：烧滚糖浆。

⑦琼芝：即琼脂。植物胶的一种，用海产的石花菜类制成，无色，无固定形状的固体，溶于热水。也叫石花胶，通称洋菜或洋粉。

⑧马豆：喂马的料豆，有黑豆、豌豆等。

⑨剥头灰汁：似以稻草灰煮汁之意。

⑩淡竹叶一把，不解把：淡竹叶一把，把子不要解开。淡竹叶，俗名“竹叶麦冬”，禾本科，多年生草本，须根稀疏，其中部可膨大呈纺锤形的块根，可以入药，性寒，味甘淡，有清热利尿的功用。

⑪滤柤（zhā）：滤去渣。

⑫即热：乘热。

在我国，茶的历史悠久，是百姓生活中最为常见的饮品之一，与酒并行，而制茶的工艺亦是在不断更新，逐渐发展。明朝时期，各种茶品盛行于世，在制茶工艺上，原料除却茶叶本身，还加入了许多具有治病功效的中药类植物，如甘草、麝香，可见明人在饮茶时十分注重养生效果。本篇列举的腊茶、香茶、法制芽茶皆出自韩奕《易牙遗意》。

腊茶：江茶三钱、脑子三钱[①]、射香半分、百药煎[②]，檀香、白豆蔻各二分半[③]，甘草膏、糯米糊成剂，捏片子，切作象眼块。

又法：建宁茶二两、孩儿茶二两半[④]、脑子一钱、射香二分，甘草膏成剂；更以茶末半两，入脑射少许[⑤]，作饼，擀成薄片。

香茶：孩儿茶四钱、芽茶四钱、檀香一钱二分、白豆蔻一钱半、射香一分、砂仁五钱、沉香二分半[⑥]、片脑四分[⑦]，甘草膏和糯米糊搜饼[⑧]。

又方：孩儿茶末、茶各一两，片脑半钱、射香一钱半、甘草一钱、寒水石半两[⑨]，甘草膏为剂，和匀入脱脱印[⑩]，须用胡桃油涂抹则易脱。

又一法：只用熬熟香油，用刷儿刷之脱滑。又须众手成造，必须腊月造，甘草膏稠之方好[⑪]，寒水石用一两尤妙。

法制芽茶：芽茶二两一钱作母，豆蔻一钱、射香一分、片脑一分半、檀香一钱细末，入甘草内缠之。

【注释】

①脑子：龙脑，即冰片。味辛苦，性微寒，气极芳香。有

开窍醒脑、清热明目等功效。

②百药煎：中药五倍子的制剂。功效与五倍子一般相同，味苦酸，性平，能收敛、杀虫，亦能除风热。

③白豆蔻：属于蘘荷科的多年生常绿草本植物。花叫豆蔻花，果实叫白豆蔻。其味芳香，有健胃、促进消化、化湿、止呕等功效。

④孩儿茶：简称“儿茶”。味苦涩，性微寒，有燥湿、清热、收敛等功用。

⑤脑射：龙脑、麝香。

⑥沉香：沉香树木质中偶有黑色芳香性的脂膏凝结，木质因此变化而重量增加，气味芳香，放在水中能下沉，即是沉香。有行气止痛、降气止呕及平喘等功效。

⑦片脑：龙脑（冰片）。

⑧搜饼：调和成饼状。

⑨寒水石：又名“凝水石”。味辛咸，性大寒。有清热泻火、除烦止渴的功效。亦能利尿凉血。

⑩入脱脱印：放入模子印制。

⑪稠之：调和之。稠，为“调”之误。

“药食同源”是我国古代形成的一种理念，许多食物即药物，它们之间并无绝对的分界线，古代医学家将中药的“四性”“五味”理论运用到食物之中，认为每种食物也具有“四性”“五味”。“药食同源”是说中药与食物是同时起源的。明朝饮食最重要的特点之一就是注重养生，百姓将各种中药药材以合适的剂量通过一定的工艺掺杂在一起制成丸状或片状或膏状，日常服用以达到治病养生的效果。韩奕《易牙遗意》中专列食药类对其作介绍，共有12种。

丁香煎丸：丁香[①]、白豆蔻、砂仁、香附各二钱半，沉香、檀香、毕澄茄各六分[②]，片脑二分半、甘松一钱二分，用甘草膏丸。

甘露丸：百药煎一两，甘松、柯子各一钱二分半[③]，射香半分，薄荷二两，檀香一钱六分，甘草末一两二钱五分，水拨丸[④]，晒干，用甘草膏子丸[⑤]，入射香为衣。

豆蔻丸：木香、三赖、檀香、蓬术各一钱二分[⑥]，丁皮七钱，姜黄、甘松、藿香、香附各三钱，唐求八钱[⑦]，陈皮半两，十夏[⑧]、甘草各一两五钱，白豆蔻二两，净取一两五钱为母，水发丸。

醉乡宝屑：茯苓半两，甘草一两二钱半，香附七钱半，陈皮一两，盐煮甘松、藿香、檀香各一钱二分半，丁皮二钱半，砂仁七钱半，白豆蔻半两，煎作咀[⑨]，同和一处。

又方：塘南橘皮一两，盐煮过，茯苓四钱、丁皮四钱、甘草末七钱、砂仁三钱，右件同捣匀，为咀片子。

煎甘草膏子法：粉草一斤[⑩]，锉细，沸汤浸一宿。尽入锅内，满用水，煎至半，滤去渣，纽干，取汁。再入锅，慢火熬至二碗，换入砂锅炭火慢熬，至一碗以成膏子为度。其渣减水再煎三两次，取入头汁内并煎。

【注释】

①丁香：属于桃金娘科的常绿乔木，花蕾及果实作药用。花蕾叫公丁香，果实叫母丁香。性温热，有温胃、降逆作用。

②毕澄茄：即荜澄茄，胡椒科。中医学上以干燥果实入药，性温，味辛，功能温中、降逆。

③柯子：即诃子（诃黎勒）。诃子味苦酸，性平。能涩大肠、止久痢，治久泻、肛门下脱。又治有痰的久咳、气喘、失音，能起敛肺降火的作用。柯，为"诃"之误。

④水拨丸：水泛为丸。本书中一般写为"水发丸"，此处"拨"为"发"之误，而"发"又可用为"泛"。

⑤用甘草膏子丸：做丸药时要加入甘草膏子。这是对上文的补充说明。

⑥蓬术：蓬莪术，即莪术。多年生草本，地下有粗壮匍匐根状茎和根端膨大呈纺锤状的块根。中医药上以块状茎入药，性温，味苦辛，有破血散瘀的功效。

⑦唐求：即"棠梂子"，山楂的别名。

⑧十夏：疑为"半夏"之误。

⑨煎作咀：将上面各味药煎后，做成"咀片子"。"咀片子"，

疑为嘴形的片状。

⑩粉草：甘草。

高濂的养生妙方:《遵生八笺》

明朝商品经济十分发达，商业的发展也使得人们的生活水平大大提升，人们的思维变得更加活跃，刺激各种生活享受的欲望不断地迸发出来，人们开始关注和追求更高水平的饮食消费。在当时的社会中，有钱人十分奢靡，文人雅士则讲究饮食，高濂就是其中的代表人物。高濂，字深甫，自号瑞南道人，钱塘（今浙江杭州）人，明万历年间的名士。《遵生八笺》为高濂编撰的一部养生学专著。全书按照养生形式共分为八个部分，其中《饮馔服食笺》专论饮食养生。

所谓饮食，饮在前而食在后。中国文化源远流长，讲究民以食为天，在中国的饮食文化里，汤品占据着人们生活的主流长达 3000 多年，人们基本上顿顿离不开汤品。不同地域的百姓会根据当地的特产以及口味烹调出形式各异的汤品，如福建佛跳墙、江苏鸭血粉丝汤等。高濂的书中记载了 32 种汤品，其中就有我们熟知的绿豆汤、桂花汤等。高濂详细记载了各种汤品的具体制作方法以及养生功效。

风池汤[1]：乌梅去仁，留核一斤，甘草四两，炒盐一两，煎成膏。一法：各等分三味[2]，杵为末，拌匀，实按入瓶。腊月或伏中合[3]，半年后，焙干为末[4]，点服。或用水煎成膏亦可。

水芝汤（通心气，益精髓）[5]：干莲实（一斤，带皮炒极燥，捣罗为细末）[6]、粉草（一两微炒）[7]，右为细末，每二钱入盐少许，沸汤点服。莲实捣罗至黑皮如铁，不可捣则去之。世人用莲实去黑皮，多不知也。此汤夜坐过饥，气乏不欲取食，则饮一盏，大能补虚助气。昔仙人务光子服此得道。

香橙汤（宽中，快气，消酒）：大橙子（二斤，去核，切作片片，连皮用）、檀香末（半两）、生姜（一两，切半片子，焙干）、甘草末（一两）、盐（三钱），右二件用净砂盆内碾烂如泥，次入白檀末、甘草末，并和作饼子，焙干，碾为细末，每用一钱，沸汤点服。

豆蔻汤[8]（治一切冷气，心腹胀满，胸膈痞滞[9]，哕逆呕吐，泄泻虚滑[10]，水谷不消，困倦少力，不思饮食）：肉豆蔻仁（一斤，里面煨）、甘草（炒四两）、白面（炒一斤）、丁香枝梗（只用枝，五钱）、盐（炒，二两）。

上为末，每服二钱，沸汤点服，食前服妙。

【注释】

①风池汤：犹言贵人汤。凤池，魏晋时中书省接近皇帝，称“凤凰池”，简称“凤池”。

②三味：此处指上述之乌梅核、甘草和炒盐。

③伏中：伏天之中。我国称夏至后的第三个庚日为初伏，第四个庚日为中伏，立秋后第一个庚日为末伏。合称三伏天，为夏季最热的时候。

④焙：微火烘制。

⑤水芝：莲子别称。

⑥捣罗：先捣碎末，后用面箩罗为细粉。

⑦粉草：粉甘草，甘草中优质者。

⑧豆蔻：中药，为姜科植物白豆蔻的果实，有良好的芳香健胃作用。

⑨胸膈痞滞：心腹之间积块，内脏机能受滞。

⑩哕（yuě）逆呕吐，泄泻虚滑：上面打嗝呕吐，下面拉肚泄泻，滑肠不吸收。

在中国有文字记载的历史中，粥的踪影伴随始终。关于粥的文字最早见于《周书》：黄帝始烹谷为粥。中国的粥在 4000 年前主要为食用，延续至今，在中国北方，粥是早餐的必选项之一，口味偏甜，而广东地区有名的海鲜粥也是深受大众喜爱的饭食，与北方相比，南方的粥多为咸口。2500 年前始作药用，《史记·扁鹊仓公列传》载有西汉名医淳于意（仓公）用“火齐粥”治齐王病；进入中古时期，粥的功能更是将食用、药用高度融合，进入了带有人文色彩的养生层次。明代中后期的士人饮食中尤为注重食物的养生作用。因此，在高濂的《遵生八笺》中自然就记载了38类的食用粥，不仅包括了以植物为原材料的素食粥，还有以各种动物的肉制品为原料的荤食粥，有些粥品带有神的“除瘟”作用。

竹叶粥：用竹叶五十片，石膏二两[1]，水三碗，煎至二碗，澄清去渣，入米三合煮粥，入白糖一二匙食之，治膈上风热，头目赤。

荼蘼粥[2]：采荼蘼花片，用甘草汤焯过，候粥熟同煮。又：采木香花嫩叶，就甘草汤焯过，以油盐姜醯为菜[3]，二味清芬，真仙供也[4]。

猪肾粥：用人参二分，葱白些少，防风一分，俱捣作末，同粳米三合，入锅煮半熟。将猪肾一对去膜，预切薄片，淡盐腌顷刻，放粥锅中。投入再莫搅动，慢火更煮良久。食之能治耳聋。

绿豆粥：用绿豆淘净，下汤锅，多水煮烂，次下米，以紧火同熬成粥，候冷，食之甚宜。夏月，适可而止，不宜多吃。

口数粥：十二月二十五日夜，用赤豆煮粥，同绿豆法，一家之人大小分食。若出外夜回者，亦留与吃，谓之口数粥，能除瘟疫，辟疠鬼。出《田家五行》。

河祇粥[5]：用海鲞煮烂[6]，去骨细拆，候粥熟，同煮，搅匀食之。

【注释】

①石膏：是一种无机化合物。有生熟两种，生者即天然石膏，熟者经火煅过。此处为生石膏。

②荼蘼：落叶小灌木，花白色，有香气。攀缘茎，茎上有小钩刺，羽状复叶，小叶椭圆形。

③醯（xī）：醋。

④仙供：仙家之食物，夸其物至美至精。

⑤河祇：即河神。

⑥海鲞（xiǎng）：即鳝鱼。

由于没有先进的保鲜技术，饭食的保存时间成为古代人烹饪的一大问题。北方地区干燥土厚，多采用地窖法；南方地下水位高，气候湿热，多在地面设置仓库以保存粮食、水果、蔬菜等。肉类食品在没有冰箱等冷藏设备的情况下，古人只能在烹饪方式上下功夫，他们通常使用干燥法或盐渍法。干燥食物可以利用自然光照和风，如将牛肉切成细条，挂在阳光下的通风处，将肉晾成肉干进行保存；而盐渍法则利用盐或其他配料，对新鲜食品进行腌渍加工。盐渍法主要以蔬菜和肉类为对象，如各种腌渍咸菜、腌鱼、腌肉等。

在《饮馔服食笺》中记载了50种脯鲊类食物，不仅囊括了猪牛羊肉等，还包含多种海鲜类食物的详细制法。

腊肉：肥嫩豮猪肉十斤，切作二十段，盐八两、酒二斤，调匀猛力搙肉内，令如绵软，大石压去水，晾十分干，以剩下所腌酒调糟涂肉上，以篾穿挂通风处[①]。又法：肉十斤，先以盐二十两煎汤澄清，取汁，置肉汁中，二十日取出挂通风处。一法：夏月盐肉，炒盐擦入，匀腌一宿，挂起，见有水痕，便用大石压去水干，刮风挂。

鱼鲊：鲤鱼、青鱼、鲈鱼、鲟鱼皆可造治。去鳞肠，旧筅帚缓刷去脂腻腥血[②]，十分洁净，挂当风处一二日，切作小方块，每十斤用生盐一斤，夏月一斤四两，拌匀腌器内，冬二十日，春秋减之，布裹石压，令水十分干，不滑不韧，用川椒皮二两，莳萝、茴香、砂仁、红豆各半两[③]，甘草少许，皆为粗末。淘净白粳米七八合炊饭，生麻油一斤半，纯白葱丝一斤，红曲一合半，捶碎，已上俱拌匀，磁器或木桶按十分实，荷叶盖，竹片扦定，更以小石压在上，候其日熟。春秋最宜造，冬天预腌下作坯，可留临用时旋将料物打拌。此都中造法也。鲚鱼同法[④]，但要干方好。

臊子蛤蜊：用猪肉肥精相半，切作小骰子块，和些酒煮半熟，入酱，次下花椒、砂仁、葱白、盐醋和匀，再下绿豆粉或面水调下锅内作腻[⑤]，一滚盛起，以蛤蜊先用水煮去壳、排在汤鼓子内，以臊子肉洗供。新韭、胡葱、菜心、猪腰子、笋、茭同法。

酒发鱼法：用大鲫鱼破开，去鳞眼肠胃，不要见生水，用布抹干，每斤用神曲一两、红曲一两为末，拌炒盐二两，胡椒、茴香、川椒、干姜各一两[6]，拌匀装入鱼空肚内。加料一层，共装入坛内，包好泥封。十二月内造了，至正月十五后开，又番一转，入好酒浸满，泥封至四月方熟，取吃，可留一二年。

造肉酱法：精肉四斤去筋骨，酱一斤八两，研细盐四两，葱白细切一碗，川椒、茴香、陈皮各五六钱，用酒拌各料，并肉如稠粥，入坛封固，晒烈日中，十余日开看，干再加酒，淡再加盐，又封以泥，晒之。

腌盐菜：白菜削去根及黄老叶，洗净控干，每菜十斤用盐十两，甘草数茎，以净瓮盛之。将盐撒入菜丫内，摆于瓮中，入莳萝少许。以手按实，至半瓮再入甘草数茎。候满瓮，用砖石压定。腌三日后，将菜倒过，扭去卤水，于干净器内另放，忌生水，却将卤水浇菜内。候七日，依前法再倒，用新汲水渰浸，仍用砖石压之，其菜叶美香脆。若至春间食不尽者，于沸汤内焯过，晒干收之。夏间将菜温水浸过，压干，入香油拌匀，以磁碗盛于饭上，蒸过食之。

【注释】

①篾：竹子劈成的薄片，也泛指苇子或高粱秆上劈下的皮。

②筅（xiǎn）帚：用竹丝做成的洗涤用具，即竹刷锅把之类。

③莳萝：又称土茴香，味道辛香甘甜，多用作食油调味，

有促进消化之效用。砂仁：姜科，种子多角形，有浓郁的香气，味苦凉，主治脾胃气滞、宿食不消、腹痛痞胀、噎膈呕吐、寒泻冷痢。

④鲚（jì）鱼：即江南的刀鱼。

⑤作腻：即勾芡。

⑥川椒：即四川花椒。

不论是宫廷还是民间生活，餐桌上的吃食无非四大类：主食类、肉蔬菜品类、饮品类以及甜食类，其中的肉蔬菜品类可以说是重中之重。百姓在肉蔬的烹饪方法上可谓下了不少功夫，从古至今，各种菜品不断丰富，菜式代代相传并随时革新。在明代随着资本主义萌芽，经济发展，明代百姓饭桌上的佳肴也越来越繁盛，再加上外来香料、蔬菜的传入，老百姓的吃食品种呈现多样化趋势。高濂在《饮馔服食笺》中记载了不少家常菜的做法，鸡鸭鱼肉、美味家蔬应有尽有，其中以炉焙鸡、大熝肉、炒羊肚儿、撒拌和菜、鹌鹑茄等最为常见。

炉焙鸡：用鸡一只，水煮八分熟，剁作小块，锅内放油少许烧热，放鸡在内略炒，以旋子或碗盖定，烧极热，酒醋相半入盐少许烹之，候干再烹，如此数次，候十分酥熟，取用。

大爊肉：肥嫩在圈猪约重四十斤者，只取前腿，去其脂，剔其骨，去其拖肚，净取肉一块，切成四五斤块，又切作十字为四方块，白术煮七八分熟捞起，停冷，搭精肥切作片子，厚一指，净去其浮油，水用少许，原汁放锅内，先下爊料，次下肉，又次淘下酱水，又次下原汁，烧滚，又次下末子细爊料在肉上，又次下红曲，末以肉汁解薄，倾在肉上，文武火烧滚令沸，直至肉料上下皆红色，方下宿汁。略下盐，去酱板，次下虾汁，掠去浮油，以汁清为度，调和得所，顿热用之，其肉与汁，再不下锅。

炒羊肚儿：将羊肚洗净细切条子，一边大滚汤锅，一边热熬油锅，先将肚子入汤锅，笊篱一焯[①]，就将粗布纽干汤气，就火急落油锅内炒，将熟，加葱、蒜片、花椒、茴香、酱油、酒醋调匀，一烹即起，香脆可食。如迟慢，即润如皮条，难吃。

撒拌和菜：将麻油入花椒，先时熬一二滚收起，临用时将油倒一碗，入酱油、醋、白糖些少，调和得法安起。凡物用油拌的，即倒上些少，拌吃绝妙。如拌白菜、豆芽、水芹，须将菜入滚水焯熟，入清水漂着，临用时榨干，拌油方吃，菜色青翠，不黑，又脆可口。

鹌鹑茄：拣嫩茄切作细缕，沸汤焯过，控干，用盐、酱、花椒、莳萝、茴香、甘草、陈皮、杏仁、红豆研细末拌匀晒干，蒸过收之。用时以滚汤泡软，蘸香油炸之。

辣芥菜清烧：用芥菜，不要落水，晾干软了，用滚汤一焯就起，笊篱捞在筛子内晾冷，将焯菜汤晾冷，将筛子内菜，用松盐些少撒拌入瓶，后加晾冷菜卤，浇上包好，安顿冷地上。

【注释】

①笊（zhào）篱：用竹篾柳条制成的能漏水、有长柄的用具，用来捞东西。

我国野菜资源丰富，分布广泛，文化底蕴深厚。一直以来，国人对野菜有着一种特殊的感情，《诗经》开篇《关雎》“参差荇菜，左右流之”中的荇菜，到现在仍是野菜。《诗经·尔雅》中有着大量关于野菜的描述，野菜被古人赋予了美好的意向。野菜作为一种日常的辅助性食物，在很早就已经引起了古人的注意，但是系统介绍野菜知识的专著要到明代才开始兴起。《救荒本草》一书是中国古代第一部系统介绍野菜的专著，对野菜的种类、食用部位、加工方法都作了详细介绍。在高濂的《饮馔服食笺》中也记载了90种野菜的具体做法。

黄香萱：夏时采花洗净，用汤焯，拌料可食。入熝素品如豆腐之类极佳。凡欲食此野菜品者须要采洗洁净，仍看叶背心科小虫，不令误食。先办料头：每醋一大酒钟，入甘草末三分，白糖霜一钱，麻油半盏和起，作拌菜料头。或加捣姜些少，又是一制。凡花菜采来洗净，滚汤焯起，速入水漂一时，然后取起榨干，拌料供食，其色青翠不变如生，且又脆嫩不烂，更多风味，家菜亦如此法。他若炙煿作齑[①]，不在此制。

香春芽[②]：采头芽，汤焯，少加盐晒干，可留年余，以芝麻拌供。新者可入茶，最宜炒面筋食佳，豆腐、素菜，无一不可。

绛絮头：色白，生田埂上，采洗净，捣如绵，同粉面作饼食。

竹菇[③]：此更鲜美，熟食无不可者。

斜蒿：三四月生，小者全科可用，大者摘嫩头。汤中焯过晒干，食时再用汤泡，料拌食之。

地踏叶：一名地耳，春夏生雨中，雨后采用，姜醋熟食。日出即没而干枝。

油灼灼：生水边，叶光泽，生熟皆可食。又可腌作干菜蒸食。

牛蒡子：十月采根洗净，煮毋太甚，取起捶碎匾，压干，以盐、酱、萝、姜、椒、熟油诸料拌浸一二日，收起焙干，如肉脯味。

括蒌根：深掘大根，削皮至白，寸切水浸，一日一换，至五七日后，收起捣为浆末，以绢滤其细浆粉，候干为粉，和粳粉为粥，加以乳酪，食之甚补。

东风荠（即荠菜也）：采荠一二升洗净，入淘米三合，水三升，生姜一芽头，捣碎同入釜中和匀，上浇麻油一蚬壳，再不可动，以火煮之——动则生油气也。不着一些盐醋。若知此味，海陆八珍皆可厌也。

木菌：用朽桑木、樟木、楠木截成一尺长段，腊月扫烂叶，择肥阴地和木埋于深畦，如种菜法，春月用米泔水浇灌，不时菌出，逐日灌以三次，即大如拳，采同素菜炒食，作脯俱美，木上生者且不伤人。

【注释】

①炙：烤。煿（bào）：同“爆”。齑：调味用的腌或酱制的姜、蒜或韭菜等碎末。

②香春芽：亦称椿头，春菜。

③竹菇：一名竹荪。此菌夏季生于竹林中，因得名。又名儒竺蕈，属担子菌纲，鬼笔科，顶部有钟状菌盖，盖红色，表面有恶臭黏液。盖下有白色网状部，向下垂。将菌盖臭头切去，晒干后有香气，可供食用。

酿肚子作为一款名菜，在明万历间名士高濂之前并不鲜见，但唐宋时的酿肚子多以食疗名菜行世，高濂《遵生八笺》中的酿肚子却为当时寻常人家的一味餐食，正因为如此，这款菜从食材组配到制作工艺一直流传至今。肚子即为猪肚，高濂详细记载了明朝时期酿肚子的具体制作方法，为我们了解这道菜肴的具体做法提供了重要的资料。

酿肚子[①]：用猪肚一个，治净，酿入石莲肉[②]（洗擦苦皮[③]，十分净白）。糯米淘净，与莲肉对半，实装肚子内，用线扎紧，煮熟，压实，候冷切片。

【注释】

①酿肚子：即酿猪肚。

②石莲肉：除去果壳的石莲子。经霜老熟而带有灰黑色果壳的莲子名“石莲子”。

③洗擦苦皮：指用沸水洗擦掉石莲子的果壳。因其壳苦涩，故今仍俗称“苦皮”。

爆炒腰花，是山东省特色传统名菜。制作时以猪腰、荸荠等为主料。其特点是鲜嫩，味道醇厚，滑润不腻，具有较高的营养价值。爆炒腰花制作的难度为臊味是否去除干净，口感是否鲜嫩带脆。配菜和佐料因地而异，口味也随之有偏甜、酸、咸、辣之分。高濂在《遵生八笺》中记录的炒腰子应是明代府宅和酒楼一款厨艺含量颇高的火功菜。这款菜名为炒腰子，而实际上却是油爆腰花。这份菜谱不仅是油爆腰花初加工方面的一个源头范本，而且还是关于腰花最早的刀工记载。

炒腰子：将猪腰子切开，剔去白膜、筋丝，背面刀界花儿[①]。落滚水微焯，漉起，入油锅一炒，加小料、葱花、芫荽、蒜片、椒、姜、酱汁、酒、醋，一烹即起。

【注释】

①背面刀界花儿：背面剞花刀。

关于猪肉的制法有成千上万种，高濂《遵生八笺》中以清蒸肉和水炸肉为典型代表。将上好猪肉煮一开取出，控尽水切方块，再将皮刮光洗净，用刀在皮上剞花刀。大小茴香、花椒、草果、官桂放布袋内为料包，放斗盘内，再放上肉块，浇上煮肉的清汤，撒上大葱、蒜瓣和腌菜，入锅内蒸熟，这就是清蒸肉。而高濂的这款水炸肉，实际上是油焖酥肉。这类油焖工艺以动植物油、水和酒为传热介质，盖锅后用小火长时间焖，实为后世油焖大虾、三杯鸡等传统名菜的直接源头。

清蒸肉：用好猪肉煮一滚，取、净、方块[①]，水漂过，刮净，将皮用刀界碎。将大小茴香、花椒、草果、官桂用稀布包作一包，放荡锣内，上压肉块。先将鸡鹅清过好汁[②]，调和滋味，浇在肉上，仍盖大葱、腌菜、蒜榔[③]，入汤锅内，盖住蒸之。食时，去葱、蒜、菜并包料食之。

水炸肉[④]：将猪肉生切作二指大长条子，两面用刀花界如砖阶样[⑤]。次将香油、甜酱、花椒、茴香拌匀，将切碎肉揉拌匀了，少顷[⑥]。锅内下猪脂，熬油一碗，香油一碗，水一大碗，酒一小碗，下料拌肉，以浸过为止，再加蒜榔一两，蒲盖闷，以肉酥起锅。食之如无脂油，要油气故耳。

【注释】

①取、净、方块：取出肉控尽水切成方块。

②先将鸡鹅清过好汁：先将煮肉的汤用鸡鹅蛋清净成清汤。这里的“好汁”即清汤。

③蒜榔：大蒜瓣。

④水炸肉：据原题后注，此菜又名“擘（bò）烧”。

⑤两面用刀花界如砖阶样：用刀在肉条两面划砖阶样的花纹。

⑥少顷：一会儿。此处指将肉腌一会儿。

花卉入菜是高濂所记载菜肴的又一种类，无论是清拌或是腌制，都可谓是人间美味。下面介绍五种以花卉为料的菜肴。

一为清拌金雀花，金雀花是豆科植物锦鸡儿的花，初春开花，黄色而带红，状如金雀。这款清拌金雀花口味甜酸，为明代野蔬花卉名菜。二是腌栀子花，栀子花为茜草科植物山栀的花，白色，极香。这里的腌栀子花除了用大小茴香、花椒、葱和盐以外，还用红曲和研烂的黄米饭，具有古代菹（古法腌菜）的工艺特点。三是糟凤仙花梗，干燥的凤仙花梗即中草药透骨草，可祛风、活血、消肿、止痛，这里糟用的是凤仙花的新鲜嫩梗。四是香炸玉簪花，玉簪花夏季夜间开花，花白色，很香。这里是将半开的玉簪花瓣掰成两片或四片，挂上面糊油炸。高濂说，如果炸之前放少许盐和糖，味道会更香美。五是拌金莲花叶，这里的金莲花叶，从高濂的描述来看，应是睡莲科植物莲花的叶，而不是毛茛科植物金莲花的叶。

清拌金雀花[①]：春初开，形状金雀，朵朵可摘。用汤焯……以糖霜[②]、油、醋拌之，可作菜。甚清[③]。

腌栀子花[④]：採半开花[⑤]，矾水焯过，入细葱丝、大小茴香、花椒、红曲、黄米饭（研烂）同盐拌匀，腌压半日食之。用矾焯过，用蜜煎之，其味亦美。

糟凤仙花梗[⑥]：採梗肥大者，去皮，削令干净。早入糟，午间食之。

香炸玉簪花[⑦]：採半开蕊，分作二片或四片，拖面煎食。若少加盐、白糖入而调匀，拖之味甚香美。

拌金莲花叶[⑧]：夏採叶、梗浮水面[⑨]，汤焯，姜、醋、油拌食之。

【注释】

①清拌金雀花：原题“金雀花”。

②糖霜：白糖。

③清：清香。

④腌栀子花：原题“栀子花”。

⑤採：今作“采”。

⑥糟凤仙花梗：原题“凤仙花梗”。凤仙花梗，凤仙花科植物凤仙的梗。

⑦香炸玉簪花：原题“玉簪花”。

⑧拌金莲花叶：原题“金莲花”。

⑨梗浮水面：“面”字后面疑脱“者”字。

中国食物中的甜食，花样之多，食法之讲究，在世界上，恐怕是数一数二的了。甜食在中国有悠久的历史。据《诗经·豳风·七月》载：“二之日凿冰冲冲，三之日纳于凌阴。”说明远在3000年前的商代，人们就在隆冬季节把冰块储藏起来供夏日用。到了宋代，中国的冷食种类就更多了。如大名府、汴京市场上出售的“砂糖冰雪冷元子”，临安街上卖的“雪泡梅花酒”等。直至明代，甜食种类更加丰富，高濂的《饮馔服食笺》不仅记录了糖卤的做法，还记载了以各种植物、动物的肉为原料的甜食做法。

起糖卤法（凡做甜食，先起糖卤，此内府秘方也[①]）：白糖十斤（或多少任意，今以十斤为率），用行灶安大锅，先用凉水二杓半[2]，若杓小糖多，斟酌加水，在锅内用木耙搅碎，微火一滚，用牛乳另调水二杓点之。如无牛乳，鸡子清调水亦可，但滚起即点却，抽柴息火，盖锅闷一顿饭时，揭开锅，将灶内一边烧火。待一边滚，但滚即点，数滚，如此点之，糖内泥泡沫滚在一边，将漏杓捞出泥泡锅边滚的沫子，又恐焦了，将刷儿蘸前调的水频刷。第二次再滚的泥泡聚在一边，将漏杓捞出。第三次用紧火将白水点滚处沫子，牛乳滚在一边，聚一顿饭时，沫子捞得干净，黑沫去净，白花见方好。用净棉布滤过入瓶。凡家火俱要洁净，怕油腻不洁。凡做甜食，若用黑砂糖，先须不拘多少入锅熬大滚，用细夏布滤过方好作。用白糖霜须先晒干方可。

炒面方：白面要重罗三次，将入大锅内，以木耙炒得大熟，上桌，轱轳捶碾细，再罗一次，方好做甜食。凡用酥油，须要新鲜，如陈了，不堪用矣。

雪花酥方：油下小锅化开滤过，将炒面随手下搅匀，不稀不稠，掇锅离火。洒白糖末，下在炒面内搅匀，和成一处，上案擀开，切象眼块。

一窝丝方：（用细石板上一片抹熟香油，又用炒面罗净，预备）糖卤下锅熬成老丝，倾在石板上，用切刀二把，转遭掠起，待冷将稠，用手揉拔扯长，双摺一处，越拔越白。若冷硬，于火上烘之，拔至数十次，转成双圈上案。却用炒面放上，二人对扯顺转，炒面随手倾上，拔扯数十次，成细丝，却用刀切断，分并绾成小窝[3]。其拔糖上案时，转摺成圈，扯开又转摺成圈。如此数十遭，即成细丝。

麻腻饼子方：肥鹅一只，煮熟去骨，精肥各切作条子用，焯熟韭菜，生姜丝，茭白丝，焯过木耳丝、笋干丝，各排碗内，蒸熟麻腻并鹅汁，热滚浇饼，似春饼稍厚而小，每卷前味食之。

水明角儿法：白面一斤，用滚汤内逐渐撒下，不住手搅成稠糊，分作一二十块，冷水浸至雪白，放桌上，拥出水。入豆粉对配，搜作薄皮，内加糖果为馅，笼蒸食之，妙甚。

到口酥方[4]：用酥油十两，白糖七两，白面一斤。将酥化开倾盆内，入白糖和匀，用手揉擦半个时辰，入面和作一处，令匀，擀为长条，分为小烧饼，拖炉微微火熯熟食之。

【注释】

①内府秘方：皇宫内的秘而不传的方法。旧时皇宫称大内。

②杓(sháo)：同“勺”。

③绾(wǎn)：系，盘结。

④到口酥方：此酥在江苏仍有之，叫“下马酥”或“虾蟆酥”，皮有芝麻。

古人认为“医食同源”，饮食与医药之间有相辅相成的关系，主张养生之道与食疗之术并重。明朝中后期人对于传统的饮食保健理论颇有心得，诸如饮食对气血的滋养、饮食对阴阳的调剂，等等，都有不同程度的参悟和阐释。关于医食同源的论述，既有合理安排食物以利健康的科学饮食观，又隐含着辩证思维的哲学倾向，是中国饮食文化中最玄奥博深的精华。当时一些养生食物的制作，尽管不是豪贵难为，但其做工之考究、程度之复杂却令人咋舌，高濂《饮馔服食笺》中的桂浆和肉米粥就是典型代表。

桂浆：官桂（一两，为末），白蜜（二碗），先将水二斗煮作一斗多，入磁坛中候冷，入桂、蜜二物，搅二百余遍。初用油纸一层，外加绵纸数层，密封坛口，五七日，其水可服。或以水楔坛口[①]，密封置井中，三五日，冰凉可口。每服一二杯，祛暑解烦[②]，去热生凉，百病不作。

肉米粥：用白米先煮成软饭，将鸡汁或肉汁、虾汁汤调和清过，用熟肉碎切如豆，再加茭笋、香荩或松穰等物[③]，细切，同饭下汤内一滚即起入供，以咸菜为过味，甚佳。

【注释】

①楔：水楔坛口，即罐口加满水。

②祛暑：驱除暑热。

③松穰：即松仁。

食疗方法出现得很早，它是在中医理论指导下利用食物的特性来调节机体功能，使其获得健康或愈疾防病的一种方法。高濂《饮馔服食笺》录有24种法制药品，即按一定的法度再制的药品。虽为药品，但其中有相当部分是可以作为普通食物服用的，有一部分是兼可治病的。比如，法制半夏，开胃健脾，止呕吐；法制杏仁，疗肺气咳嗽，止气喘促；醉乡宝屑，解酲宽中化痰；等等。

法制半夏：开胃健脾，止呕吐，去胸中痰满，兼下肺气。

半夏（半斤，圆白者切二片）、晋州降矾（四两）、丁皮（三两）、草豆蔻（二两）、生姜（五两，切成片）。

上件，洗半夏去滑，焙干。三药粗挫，以大口瓶盛，生姜片煎药一处用，好酒三升浸，春夏三七日，秋冬一月却，取出半夏，水洗焙干，余药不用，不拘时候，细嚼一二枚，服至半月，咽喉自然香甘。

法制橘皮：《日华子》云："皮暖，消痰止嗽，破癥瘕痃癖[1]。"

橘皮（半斤，去穰）、白檀（一两）、青盐（一两）、茴香（一两）。右件四味，用长流水二大碗同煎，水干为度，拣出橘皮，放于磁器内，以物覆之，勿令透气。每日空心取三五片，细嚼，白汤下。

法制杏仁：疗肺气咳嗽，止气喘促，腹脾不通，心腹烦闷。

板杏（一斤，滚灰水焯过，晒干、麸炒熟，拣蜜拌杏仁，勿用下药末拌）、茴香（炒）、人参（二钱）、宿砂仁（二钱）、粉草

（三钱）、陈皮（三钱）、白豆蔻（二钱）、木香（二钱）。

上为细末，拌杏仁令匀，每用七枚，食后服之。

醉乡宝屑：解酲，宽中，化痰。

陈皮（四两）、缩砂（四两）、红豆（一两六钱）、粉草（二两四钱）、生姜、丁香（一钱，锉）、葛根（三两，已上并㕮咀[②]）、白豆蔻仁（一两，剉）、盐（一两）、巴豆（十四粒，不去皮壳，用铁丝穿）。

上件用水二碗，煮耗干为度，去巴豆，晒干，细嚼，白汤下。

山查膏[③]：山东大山查刮去皮核，每斤入白糖霜四两，捣为膏，明亮如琥珀，再加檀屑一钱，香美可供，又可放久。

莲子缠：用莲肉一斤，煮熟去皮心，拌以薄荷霜二两，白糖二两裹身，烘焙干入供。杏仁、榄仁、核桃可同此制。

【注释】

①瘺瘕痃癖（wēi jiǎ qù pī）：瘺，一种皮肤病，多发生在腿部。瘕，腹内结块，聚散无常，痛无定处，多由于血瘀、气滞所致。痃，病情严重。一云痃，腹内结块。癖，饮水不消之病。

②㕮咀（fǔ jǔ）：细细咀嚼。

③山查膏：同"山楂膏"。今市上仍有之。

服食是指道教修炼方式，以丹药和草木药求长生。服食起源于战国。道教承袭服食术。道教服食方可以分为草本方、金石方和丹炼方三类。高濂关于服食方类的记载也很多，一本作神秘服食方。此类食方功效如何，尚待科学验证。其中亦夹有部分迷信、夸大之词，不可信。但高濂对此的详细记载使我们对明朝的服食方及其做法有所了解。

服松脂法（其一）：采上白松脂（一斤，即今之松香）、桑灰汁（一石）。

先将灰汁一斗煮松脂半干，将浮白好脂漉入冷水，候凝，复以灰汁一斗煮之。

又取如上。两人将脂团圆扯长数十遍，又以灰汁一斗煮之，以十度煮完，遂成白脂。研细为末，每服一匙，以酒送下，空心，近午、晚日三服，服至十两不饥，夜视目明，长年不老。

服雄黄法（其一）：透明雄黄（三两，闻之不臭如鸡冠者佳），次用甘草，紫背天葵[①]、地胆[②]、碧棱花（各五两），四味为末，入东流水，同雄黄煮砂罐内。三日漉出，捣如粗粉，入猪脂内蒸一伏时，洗出，又同豆腐内蒸如上，二次。蒸时，甑上先铺山黄泥一寸，次铺脂蒸黄，其毒去尽，收起成细粉。每黄末一两，和上松脂二两为丸，如桐子大。每服三五丸，酒下，能令人久活延年，发白再黑，齿落更生，百病不生，鬼神呵护，顶有红光，无常畏不敢近，疫疠不惹，特余事耳。

鸡子丹法：养鸡雌雄纯白者，不令他鸡同处，生卵扣一小孔，倾去黄白，即以上好旧坑辰砂为末[③]（朱砂有毒，选豆瓣旧砂，豆腐同煮一日，为末），和块入卵中，蜡封其口，还令白鸡抱之，待雏出药成。和以蜜服，如豆大，每服二丸，日三进，久服长年延算④。

枸杞茶：于深秋摘红熟枸杞子，同干面拌和成剂，擀作饼样，晒干，研为细末。每红茶一两，枸杞子末二两，同和匀，入炼化酥油三两，或香油亦可，旋添汤搅成膏子，用盐少许，入锅煎熟饮之，甚有益，及明目。

益气牛乳方：黄牛乳最宜老人，性平补血脉，益心气，长肌肉，令人身体康强润泽，面目光悦，志不衰，故人常须供之，以为常食。或为乳饼，或作乳饮等，恒使恣意充足为度，此物胜肉远矣。

地仙煎：治腰膝疼痛，一切腹内冷病，令人颜色悦泽，骨髓坚固，行及奔马。

山药（一斤）、杏仁（一升，汤泡去皮尖）、生牛乳（二斤）。

上件，将杏仁研细，入牛乳，和山药拌绞取汁，用新磁瓶密封，汤煮一日。每日空心酒调服一匙头。

【注释】

①天葵：为毛茛科植物，药用其根。一称天葵子。根含生物碱、内酯、香豆精类、酚性成分等，有清热、解毒、消肿、利尿作用。又名千年老鼠屎、金耗子屎、天去子、散血珠。

②地胆：芫菁科昆虫，夏秋季捕捉，沸水烫死，晒干药用。有攻毒、逐瘀的功用，外治恶疮、鼻息肉，内服治瘰疬。又名

蚖青、青虹、青蠡、杜龙。

③辰砂：矿物名，以湖南辰州（今沅陵）所产最佳，故名。为炼汞主要原料，经火炼者有毒。中医用之安神定惊。

④延算：增加寿数。

明代烹饪技术的发展和贮藏手段的改进，为人们食用蔬菜创造了更多的机会，在不同的季节人们可以根据生活的需要食用各式各色的蔬菜；以蔬菜为原料的菜肴品种越来越多。随着调味品在烹制蔬菜过程中的广泛应用和素荤的合理搭配，使蔬菜更具有滋味和营养，所以像瓜、茄、瓠、芋、山药诸菜，不只当菜还兼饭矣。据文献记载，明代蔬菜菜肴品种很多。明人高濂《遵生八笺》卷之十二《饮馔服食笺》中卷《家蔬类》中列有配盐瓜菽、糖蒸茄、蒜梅、藏芥等55种蔬菜的烹制方法。

配盐瓜菽[①]：老瓜嫩茄合五十斤，每斤用净盐二两半，先用半两腌瓜茄一宿出水，次用橘皮五斤，新紫苏连根二斤[②]，生姜丝三斤，去皮杏仁二斤，桂花四两，甘草二两，黄豆一斗，煮，酒五斤同拌入瓮，合满捺实箬五层，竹片捺定，箬裹泥封，晒日中，两月取出，入大椒半斤，茴香、砂仁各半斤，匀晾晒在日内，发热乃酥美。黄豆须拣大者煮烂，以麸皮罨热[③]，去麸皮净用。

糖蒸茄：牛奶茄嫩而大者，不去蒂，直切成六棱，每五十斤用盐一两，拌匀下汤焯，令变色，沥干，用薄荷、茴香末，夹在内，砂糖二斤，醋半钟，浸三宿，晒干还卤，直至卤尽茄干，压扁收藏之。

蒜梅：青硬梅子二斤，大蒜一斤，或囊剥净，炒盐三两，酌量水煎汤停冷浸之，候五十日后，卤水将变色，倾出再煎，其水停冷浸之，入瓶，至七月后食。梅无酸味，蒜无荤气也。

藏芥：芥菜肥者不犯水④，晒至六七分干，去叶，每斤盐四两，淹一宿取出，每茎扎成小把，置小瓶中，倒沥尽其水，并煎腌出水同煎，取清汁待冷，入瓶封固，夏月食。

黄芽菜：将白菜割去梗叶，止留菜心，离地二寸株，以粪土壅平，用大缸覆之，缸外以土密壅，勿令透气，半月后取食，其味最佳。黄芽韭⑤、姜芽、萝葡芽、川芎芽，其法亦同。

【注释】

①菽（shū）：豆类。

②紫苏：又称桂荏、白苏、赤苏等，为唇形科一年生草本植物。具有特异的芳香。紫苏叶能散表寒，发汗力较强，用于风寒表征之恶寒、发热、无汗等症。

③麸皮：即麦皮，小麦加工面粉副产品，麦黄色，片状或粉状。罨（yǎn）：敷覆掩盖。

④芥菜：十字花科，芸苔属一年生草本植物，叶盐腌供食用；

种子及全草供药用，能化痰平喘，消肿止痛。

⑤黄芽韭：颜色鹅黄带翠，味道奇香浓郁，口感鲜嫩多汁。

张岱的文人私房菜:《陶庵梦忆》

张岱（1597—1685），字宗子，后改字石工，号陶庵，又号蝶庵居士，山阴（今浙江绍兴）人。张岱出生在一个显赫的仕宦富贵之家，生活条件优越，但改朝换代彻底改变了张岱的生活，一个安享人间富贵的纨绔子弟转眼间成为让人唯恐避之不及的下层贫民，生活陷入十分困窘的地步。《陶庵梦忆》既是张岱一部个人的生活史，也是一部晚明时期的生活画卷。通过作者的经历和见闻，可见晚明时期江南生活特别是衣食住行、社会习俗的各个方面。

张岱对茶品有所研究，不仅善于品茶，还善于研制新品，在《陶庵梦忆》中，他记录自己所制的兰雪茶，他在其中能品出金石之气，茶艺之精令人惊叹。此款茶品经张岱研究发明之后对当时的茶叶领域产生了不小的影响，不到四五年就占领了市场。

日铸者[①]，越王铸剑地也[②]。茶味棱棱，有金石之气。欧阳永叔曰[③]：“两浙之茶，日铸第一。”王龟龄曰[④]：“龙山瑞草，日铸雪芽。”日铸名起此。京师茶客，有茶则至，意不在雪芽也，而雪芽利之，一如京茶式，不敢独异。三峨叔知松萝焙法，取瑞草试之，香扑冽。余曰：“瑞草固佳，汉武帝食露盘[⑤]，无补多欲；日铸茶薮，‘牛虽瘠，偾于豚上’也[⑥]。”遂募歙人入日铸[⑦]。

扚法[⑧]、掐法、挪法、撒法、扇法、炒法、焙法、藏法，一如松萝。他泉瀹之，香气不出，煮禊泉，投以小罐，则香太浓郁。杂入茉莉，再三较量，用敞口瓷瓯淡放之，候其冷；以旋滚汤冲泻之，色如竹箨方解，绿粉初匀；又如山窗初曙，透纸黎光。取清妃白，倾向素瓷，真如百茎素兰同雪涛并泻也。

雪芽得其色矣，未得其气，余戏呼之“兰雪”。四五年后，“兰雪茶”一哄如市焉。越之好事者不食松萝，止食兰雪[⑨]。兰雪则食，以松萝而纂兰雪者亦食，盖松萝贬声价俯就兰雪，从俗也。乃近日徽歙间，松萝亦名兰雪，向以松萝名者，封面系换，则又奇矣。

【注释】

①日铸：山名，在今浙江绍兴。以产茶著称，所产之茶以“日铸”为名，又称“日注茶”“日铸雪芽”。

②越王：指勾践，春秋时代越国的国君。

③欧阳永叔：欧阳修（1007—1072），字永叔，号醉翁、六一居士，吉州永丰（今江西吉安）人。天圣进士，历任翰林学士、枢密副使、参知政事。北宋古文运动领袖，“唐宋八大家”之一。著有《新五代史》《欧阳文忠集》等。

④王龟龄：王十朋（1112—1171），字龟龄，号梅溪，乐清（今浙江乐清）人。南宋绍兴二十七年（1157）状元，官至龙图阁学士。著有《王梅溪先生全集》等。

⑤汉武帝：刘彻（前157—前87），幼名刘彘，西汉第五位皇帝。前120年至前87年在位。

⑥牛虽瘠，偾（fèn）于豚上：语出《左传·昭公十三年》："牛虽瘠，偾于豚上，其畏不死？"原意为瘦弱的牛倒在小猪身上，小猪必定被压死。强国虽然德衰，但如果攻打弱国的话，弱国也必定会被灭掉。

⑦歙（shè）：今安徽歙县。

⑧扐（lì）：按，压。

⑨止：只，仅。

张岱在饮食方面，真是一位行家里手，无论是饮水还是品茶，皆能谈出其中的精妙之处来。他笔下记录的乳制品，同样变出许多花样，令人叹为观止。张岱自己豢养一头牛，每日夜里取一盆奶，然后用铜铛煮，添加兰雪汁，用一斤乳和四瓶兰雪汁反复煮沸。不仅如此，奶里还可加入美酒、花露等进行蒸煮，呈现出来的形式以及使用方法也可谓多种多样。天下人称此奶制品为人间美味，其制作方法是秘密，不轻易传授。

乳酪自驵侩为之[①]，气味已失，再无佳理。余自豢一牛，夜取乳置盆盎，比晓[②]，乳花簇起尺许，用铜铛煮之，瀹兰雪汁[③]，乳斤和汁四瓯，百沸之。玉液珠胶，雪腴霜腻，吹气胜兰，沁入肺腑，自是天供。或用鹤觞花露入甑蒸之[④]，以热妙；或用豆粉搀和，漉之成腐，以冷妙。或煎酥，或作皮，或缚饼，或酒凝，或盐腌，或醋捉，无不佳妙。而苏州过小拙和以蔗浆霜，熬之、滤之、钻之、掇之、印之，为带骨鲍螺，天下称至味。其制法秘甚，锁密房，以纸封固，虽父子不轻传之。

【注释】

①乳酪：一种奶制品。从乳清中分离凝乳，凝结成软干酪，再压制成硬干酪，成熟后用作食品。驵侩（zǎng kuài）：牲畜交易的中间人，这里泛指商人。

②比晓：等到天亮。

③瀹（yuè）：浸渍。

④甑（zèng）：一种做饭用的炊具。

张岱在《陶庵梦忆·方物》中自称“越中‘好吃’的人没有超过我的”，他喜欢吃各地的特产，但是不合时宜的食物不吃，不是上佳的食物不吃，在吃上是大有讲究的。张岱在这里开列了一个明代地方特产名吃的名单，如今有些还能品尝到，有的则已见不到了。张岱笔下的方物不仅限于水果等物，还囊括了各地方的名小吃，比如福建的牛皮糖、红腐乳。虽然没有关于这些小吃的具体制作方法，但记载各地的特产数量之多，显示其生活之精致、讲究，就是现代的美食家们也只能叹为观止，也让我们对明朝时期各地的特色美味有所了解。

越中清馋[①]，无过余者，喜啖方物[②]。北京则苹婆果[③]、黄鼠、马牙松；山东则羊肚菜[④]、秋白梨、文官果[⑤]、甜子；福建则福橘、福橘饼、牛皮糖、红腐乳；江西则青根、丰城脯；山西则天花菜[⑥]；苏州则带骨鲍螺、山查丁、山查糕、松子糖、白圆、橄榄脯；嘉兴则马交鱼脯、陶庄黄雀；南京则套樱桃、桃门枣、地栗团、窝笋团、山查糖；杭州则西瓜、鸡豆子[⑦]、花下藕、韭芽、玄笋、塘栖蜜橘[⑧]；萧山则杨梅、莼菜、鸠鸟、青鲫、方柿；诸暨则香狸、樱桃、虎栗；嵊则蕨粉[⑨]、细榧[⑩]、龙游糖；临海则枕头瓜；台州则瓦楞蚶、江瑶柱[⑪]；浦江则火肉[⑫]；东阳则南枣；山阴则破塘笋、谢橘、独山菱、河蟹、三江屯蛏[⑬]、白蛤、江鱼、鲥鱼、里河鰦[⑭]。远则岁致之，近则月致之、日致之。耽耽逐逐[⑮]，日为口腹谋，罪孽固重。但由今思之，四方兵燹[⑯]，寸寸割裂，钱塘衣带水，犹不敢轻渡，则向之传食四方，不可不谓之福德也。

【注释】

①清馋：清雅而嘴馋，这里指喜爱美食。

②方物：土特产。

③苹婆果：明代对苹果的称呼。

④羊肚菜：又名羊肚菌、羊肚蘑。一种食用菌类，因表面凹凸不平，形态酷似羊肚而得名。

⑤文官果：一种果名。产于我国北方，花美丽，可供观赏，果形如螺，味甜，也可榨油。

⑥天花菜：又称花椰菜、花菜或菜花，一种蔬菜。原产地中海沿岸，后引入中国。

⑦鸡豆子：俗称鸡头，芡的果实。

⑧塘栖：在今浙江杭州北。

⑨蕨粉：用蕨根加工而成的淀粉。

⑩细榧（fěi）：又名香榧、真榧、榧子，榧木的种子，可食用，亦可榨油或入药。

⑪江瑶柱：又名牛耳螺、干贝，一种蚌类。

⑫火肉：火腿肉。

⑬蛏（chēng）：一种软体动物，生于沿海，肉鲜美。

⑭鲻（zī）：白鯈鱼。

⑮耽耽逐逐：瞪着眼睛想得到。

⑯兵燹（xiǎn）：战火，战乱。

樊江陈氏的橘子特别好吃，张岱对其好吃美味的原因作以简单介绍，使我们了解到橘子的味道除了树本身的因素外，也与主人的采摘水平有关。这位陈氏很会把握采摘的时机，不早不晚，等橘子达到最佳状态时，才十分小心地采下。说起来这也是个技术活儿，不能不讲究，否则大家的橘子都一样，张岱也就不会宁迟、宁贵、宁少也要买陈氏的橘子了。用现在的话说，陈氏很明白特色经营这个道理。

樊江陈氏①，辟地为果园，枸菊围之。自麦为蒟酱②，自秫酿酒③，酒香冽，色如淡金蜜珀，酒人称之。自果自蓏，以蜜乳醴之为冥果④。树谢橘百株，青不撷，酸不撷⑤，不树上红不撷，不霜不撷，不连蒂剪不撷。故其所撷，橘皮宽而绽，色黄而深，瓤坚而脆，筋解而脱，味甜而鲜。第四门、陶堰、道墟以至塘栖，皆无其比。余岁必亲至其园买橘，宁迟、宁贵、宁少。购得之，用黄砂缸藉以金城稻草，或燥松毛收之。阅十日，草有润气，又更换之，可藏至三月尽，甘脆如新撷者。枸菊城主人橘百树，岁获绢百匹，不愧木奴⑥。

【注释】

①樊江：在今浙江绍兴皋埠镇，相传为西汉名将樊哙故乡。

②蒟（jǔ）酱：用胡椒科植物做成的酱，亦称枸酱。

③秫（shú）：即高粱，多用以酿酒。

④蜜乳：蜂蜜。

⑤撷（xié）：采摘。

⑥木奴：《水经注·沅水》："龙阳县之氾洲，洲长二十里，吴丹杨太守李衡植柑于其上，临死，敕其子曰：'吾州里有木奴千头，不责衣食，岁绢千匹。'"后因称柑橘树为木奴，也泛指果实。

除了樊江陈氏橘之外，鹿苑寺方柿也是张岱极为喜爱的水果。张岱是位美食家，最懂什么样的柿子好吃，可惜绝品好柿子非常不容易得，他认为这是柿子在冬天成熟的缘故。后来避乱山中，发现了鹿苑寺夏天成熟的柿子，生脆异常，吃得心满意足。张岱并不满足于此，还一如往日地好奇，求得了土人去涩的良方。柿子的采摘需要把握好时机，过早过晚都不行。其去涩保鲜，同样需要很高的技巧，《陶庵梦忆·鹿苑寺方柿》中展现的民间为保鲜而想出的法子同样令人惊叹。

萧山方柿[①]，皮绿者不佳，皮红而肉糜烂者不佳，必树头红而坚脆如藕者，方称绝品。然间遇之，不多得。余向言西瓜生于六月，享尽天福，秋白梨生于秋，方柿、绿柿生于冬，未免失候。

丙戌[②]，余避兵西白山[③]，鹿苑寺前后有夏方柿十数株。六月歊暑[④]，柿大如瓜，生脆如咀冰嚼雪，目为之明，但无法制之，则涩勒不可入口。土人以桑叶煎汤，候冷，加盐少许，入瓮内，浸柿没其颈，隔二宿取食，鲜磊异常。余食萧山柿多涩，请赠以此法。

【注释】

①萧山：今浙江萧山。方柿：一种柿子品种，形状呈方形，果型较大。

②丙戌：顺治三年（1646）。

③西白山：在今浙江嵊州。鹿苑寺在西白山东南麓鹿苑山下，今已不存。

④歊（xiāo）暑：酷暑，炎热。

《陶庵梦忆·蟹会》中张岱记载了每到十月，他与友人、兄弟、长辈一起成立蟹会，相约煮螃蟹吃的场面，不仅有不加调味品就五味俱全的河蟹，还有肥腊鸭、牛乳酪等珍馐佳品，醉蚶就像琥珀一样，用鸭汁煮白菜像是玉版笋。瓜果有谢橘、风栗、风菱等，喝着美酒，用兵坑笋做蔬菜，吃的是余杭新产的精米，用兰雪茶来漱口。这一番盛景和美味着实让人沉醉其中，不愿醒来。

食品不加盐醋而五味全者，为蚶、为河蟹。河蟹至十月与稻粱俱肥，壳如盘大，坟起[①]，而紫螯巨如拳，小脚肉出，油油如螾蜒[2]。掀其壳，膏腻堆积，如玉脂珀屑，团结不散，甘腴虽八珍不及。一到十月，余与友人兄弟辈立蟹会，期于午后至[3]，煮蟹食之，人六只，恐冷腥，迭番煮之[4]。从以肥腊鸭、牛乳酪。醉蚶如琥珀，以鸭汁煮白菜如玉版。果瓜以谢橘、以风栗、以风菱。饮以玉壶冰，蔬以兵坑笋，饭以新余杭白，漱以兰雪茶。由今思之，真如天厨仙供，酒醉饭饱，惭愧惭愧。

【注释】

①坟起：突出。

②螾蜒（yǐn yán）：蚰蜒。

③期：约定。

④迭番：轮番，交替。

人间滋味

珍馐美食　特色名馔

粉食点心

明朝人以自己的聪明才智和高超的烹饪技艺，推出丰富的主食和各种菜肴食品，从而把食物的烹调水平提高到了一个新的高度，形成了自身独具时代特色的饮食文化。明人的主食有米饭、粥、面条、糕、饼、馒头、包子、饺子，各种名点小吃以及小米、黄米、高粱米等杂粮食物。

南人饭米，北人饭面，米饭在明人的饭食结构中占有重要地位，明人谢肇淛撰《五杂俎》卷之十一《物部三》中记载:“稻有水、旱二种，又有秫田，其性黏软，故谓之糯米，食之令人筋缓多睡，其性懦也，作酒之外，产妇宜食之，又谓之江米。”米饭有精、粗之分，烹饪方式以蒸煮为主。《李渔随笔全集》记载了日常粗食米饭和精米饭的制作方法。

先就粗者言之，饭之大病，在内生外熟，非烂即焦。此火候不均之故，惟最拙最笨者有之，稍能炊爨者必无此事[①]。然亦有刚柔合道，燥湿得宜，而令人咀之嚼之，有粥饭之美形，无饮食之至味者。

其病何在？曰：挹水无度[②]，增减不常之为害也。其吃紧二语，则曰："粥水忌增，饭水忌减。"米用几何，则水用几何，宜有一定之度数。如医人用，药水一钟或钟半，煎至七分或八分，皆有定数。若以意为增减，则非药味不出，即药性不存，而服之无效矣。不善执爨者，用水不均，煮粥常患其少，煮饭常苦其多。多则逼而去之，少则增而入之，不知米之精液全在于水，逼去饭汤者，非去饭汤，去饭之精液也。精液去则饭为渣滓，食之尚有味乎？

故善主中馈者[③]，挹水时必限以数，使其勺不能增，滴无可减，再加以火候调匀，则其为粥为饭，不求异而异乎人矣。

宴客者有时用饭，比较家常所食者稍精。精用何法？曰：使之有香而已矣。予尝授意小妇，预设花露一盏，俟饭之初熟而浇之，浇过稍闭，拌匀而后入碗。食者归功于谷米，诧为异种而讯之，不知其为寻常五谷也。此法秘之已久，今始告人。行此法者，不必满釜浇遍[④]，遍则费露甚多，而此法不行于世矣。止以一盏浇一隅，足供佳客所需而止。（《李渔随笔全集》）

【注释】

①炊爨（cuàn）者：烧火煮饭或指从事炊事的人。

②挹（yì）：舀。

③中馈者：《易经·家人》："无攸遂，在中馈。"指妇女在家主持饮食等事。

④釜：一种器物，圆底而无足。

所谓"面"，通常是指用小麦、大麦、燕麦以及其他麦类或谷物（大米、高粱等）所磨成的细粉，而不仅仅是指麦粉。而面食，通常是指以麦粉做成的食品。按种类和烹制方法划分，中国古代的面食可分为五类：蒸制的面食、煮制的面食、烤制的面食、烙制的面食和油炸的面食。从文献记载看，明代煮类的面食有汤饼、水滑面、棋子面、馄饨、扁食等品种；蒸类的面食有蒸饼、花卷、馒头、包子、烧卖等多种；烤烙的面食有烧饼（炊饼）、炉饼、烙饼、月饼、炒饼、春饼和煎饼等种类；油炸的面食有油饼、薄脆、油条、麻花等品种，不胜枚举。

燥子肉面[①]：猪肉嫩者，去筋皮外[②]，精肥相半，切作骰子块，约量水与酒煮半熟[③]。用胰脂研成膏，和酱，倾入，次下香椒、砂仁，调和其味得所。煮水与酒不可多[④]，其肉先下肥[⑤]，又次下葱白，切肉块不可带青叶[⑥]，临锅时调绿豆粉作糨[⑦]。

水滑面：用十分白面揉搜成剂。一斤作十数块。放在水，候其面性发得十分满足，逐块抽拽，下汤煮熟。抽拽得阔薄乃好。麻腻、杏仁腻、咸笋干、酱瓜、糟茄、姜、淹韭[8]、黄瓜丝作齑头[9]，或加煎肉尤妙。

索粉：每干粉一斤，用湿粉二两，打成厚浆，放旋中[10]。添滚汤一次解薄，便连旋子放汤锅内煮之。取出，不住手打搅，务要稠腻。如此数次，候十分熟。大概春夏浆宜稍厚，秋冬宜薄，以箸锹起成牵丝[11]，垂下不断方好。候温，和干粉成剂。如索不下[12]，添些热汤，如大注下[13]，添些调匀[14]。团在手中，搓索下滚汤中，浮起便捞在冷水中，沥干，随意荤素浇供[15]。只用芥辣尤妙。(《易牙遗意》)

【注释】

①燥子肉面：即肉丁盖浇面。燥子，亦作“臊子”。

②去筋皮外：去筋皮后。

③约量水与酒煮半熟：估计一下肉丁的数量，再放适量的水和酒将其煮五成熟。

④煮水与酒不可多：煮肉丁时放的水和酒不能多。

⑤其肉先下肥：肥肉丁要先下锅(炒一下)。

⑥切肉块不可带青叶：本句文字上疑有错漏。大意是，在将肉块切成肉丁时要放葱白同斩，不能放老葱的青叶。

⑦糨：即糨糊之浆，稠液。这里指用绿豆粉勾芡。

⑧淹韭：腌韭。

⑨齑头：这里指“浇头”。

⑩旋：温酒的器具。也作蒸炖食品等用。

⑪锹起：这里为挑起之意。

⑫如索不下：对前文的补充说明，指用筷子挑粉浆，形不成丝。

⑬如大注下：为用筷子挑粉浆，粉丝流得太快。指粉浆太稀。

⑭添些调匀：添些干粉调匀。本句疑漏一“粉”字。

⑮随意荤素浇供：随意用荤菜或蔬菜作煮熟索粉的“浇头”供食。

馄饨是一种起源于中国的民间传统面食，用薄面皮包肉馅儿，下锅后煮熟，食用时一般带汤。馄饨一物在西汉时指一种汤饼，并非现在我们所见到的馄饨，扬雄所作《方言》中提到“饼谓之饨”，馄饨是饼的一种，差别为其中夹肉馅儿，经蒸煮后食用；若以汤水煮熟，则称“汤饼”。古代中国人认为这是一种密封的包子，没有七窍，所以称为“浑沌”，依据中国造字的规则，后来才称为“馄饨”。在这时候，馄饨与水饺并无区别。自唐朝起，正式区分了馄饨与水饺的称呼。明朝时，韩奕《易牙遗意》中所记的馄饨已与现在的做法无大异之处。

白面一斤、盐半两，和如落索面，更频入水，搜和为饼剂。

少顷[1]，操百十遍[2]，扚为小块[3]，擀开，绿豆粉为粹，四边要薄[4]，入馅，其皮坚[5]。膔脂不可搭在精肉[6]，用葱白，先以油炒熟，则不荤气，花椒、姜末、杏仁、砂仁、酱，调和得所，更宜笋菜、炸过莱菔之类[7]，或虾肉、蟹肉、藤花、诸鱼肉尤妙。下锅煮时[8]，先用汤搅动，一条篠在汤内[9]，沸则频频洒水，令汤常如鱼津样滚[10]，则不破其皮而坚滑。(《易牙遗意》)

【注释】

①少顷：一会儿。

②操百十遍：将面剂揉百十遍。

③扚（dī）：拉扯一下之意。方言。

④四边要薄：指馄饨皮要擀得四边薄、中间厚。

⑤其皮坚：指馄饨皮较牢。

⑥膔脂不可搭在精肉：肥膘和油脂不要和瘦肉混在一起。从本句开始介绍馄饨馅儿的制法。

⑦莱菔：萝卜。

⑧下锅煮时：下锅煮馄饨时。

⑨一条篠在汤内：用一根小竹枝在汤中搅动，使汤旋转。篠，即“筱”（xiǎo），小竹子。

⑩鱼津：鱼儿吐的泡泡。津，原指唾液。

对馒头、包子和饺子等面食的制作和食俗，明人研究烹饪的著述中也有详载，高濂著《遵生八笺》中有水明角儿法，刘基著《多能鄙事》则对馒头皮猪肉馅儿包子和鱼馅儿包子等的配料与制作程序都有详细的记载。

水明角儿法：白面一斤，用滚汤内逐渐撒下，不住手搅成稠糊，分作一二十块，冷水浸至雪白，放桌上，拥出水，入豆粉对配，搜作薄皮，内加糖果为馅，笼蒸食之妙甚。(《遵生八笺》)

馒头皮猪肉馅包子：每白面二斤半，先以酵一盏，许于面内，跪一小窠，倾入酵汁，就和一块软面，覆之。放温暖处，伺泛起，将四边干面加温汤和，再覆之。又候泛起，再添干面、温水和。冬月用热汤和，就不须多揉。再放片时揉成剂则已。若揉过则不肥泛，其剂放软，擀作皮包馅，排无风处，湿布巾盖之。俟面性来，乃入笼蒸。

猪肉馅入羊脂四两，橘皮一个，椒皮一钱，杏仁十个，茴香半钱，葱十茎，俱细切。香油二两，酱一两擂细。先将油炼熟，下葱酱炒，另入醋二合，调面一匙作牵，倾锅内同炒熟，与生馅调包。

鱼包子：鲤鳜皆可，每十分用净鱼肉五斤，柳叶切[①]，羊脂十两，骰子块切[②]，猪膘八两切，盐、酱各二两，橘皮二个细切，葱十五茎搜细丝，香油炒之。姜丝一两，川椒皮末半两，胡椒同杏仁五十个研细，醋一合，面牵之。同上顷皮。(《多能鄙事》)

【注释】

①柳叶切：将鱼肉切成柳叶状。

②骰子块切：将羊脂切成骰子块形状。

明人说："谷食之有糕饼，犹肉食之有脯脍。"明代的糕见于记载的有黍糕（即年糕）、榆钱糕、花糕、粢糕、粳糕等多种。李时珍说："糕以黍、糯合粳米粉蒸成状如凝膏也。单糯粉作者曰粢。米粉合豆末、糖、蜜蒸成者曰饵。《释名》云：粢慈软也。饵，而也，相粘而也。"高濂《遵生八笺》在《甜食类》中记载有五香糕方、松糕方和高丽栗糕方，对这些糕的制作及食用方法均有详尽载述。

五香糕方：上白糯米和粳米二六分[①]，芡实干一分，人参、白术、茯苓、砂仁总一分[②]，磨极细筛过，用白砂糖滚汤拌匀，上甑。（粉一斗加芡实四两，白术二两，茯苓二两，人参一两，砂仁一钱，共为细末和之，白糖一升拌入。）

松糕方：陈粳米一斗，砂糖三斤，米淘极净，烘干，和糖洒水，入臼舂碎，于内留二分米拌舂，其粗令尽[③]。或和蜜，或纯粉则择去黑色米[④]。凡蒸糕须候汤沸，渐渐上粉[⑤]，要使汤气直上，不可外泄，不可中阻[⑥]。其布宜疏，或稻草摊甑中。

高丽栗糕方：栗子不拘多少，阴干去壳捣为粉，三分之一

加糯米粉拌匀，蜜水拌润，蒸熟食之，以白糖和入妙甚。(《遵生八笺》)

【注释】

①二六分：指糯米用二分，粳米用六分。分，同“份”，下同此。

②总一分：指人参、白术、茯苓三样东西的用量加起来总计为一分。

③于内留二分米拌舂，其粗令尽：每一次舂米后，在臼内留二分舂碎的米粉，和新加入的粗米一起舂，一直到把米舂完为止。

④择去黑色米：补充说明舂米之前要把米当中发黑的米拣去。

⑤渐渐上粉：逐渐把米粉放入甑中。

⑥不可中阻：不能中途熄火。阻，这儿指中途停火，水蒸气也就无从产生，糕就容易蒸夹生了。

粉面类食物也是明人的重要主食之一，粉面类食物名称较多，文献记载常见的有藕粉、鸡头粉、栗子粉、菱角粉、姜粉、葛粉、茯苓粉、松柏粉、山药粉、蕨粉、莲子粉、芋粉、蒺藜粉、栝蒌粉、茱萸粉、山药拨鱼、百合面、百合粉等许多名目。其中蕨粉作饼食用，甚妙；百合面的做法是将百合捣为粉，和面搜抻为饼，为面食亦可；山药拨鱼的做法是用白面一斤，好豆粉四两，水搅如调糊，将煮熟山药研烂，同面一并调稠，用匙逐条拨入滚汤锅内，如同鱼片，以肉汁食之。无汁，面内加白糖亦可吃。

藕粉：法取粗藕不限多少，洗净截断，浸三白夜，每日换水，看灼然洁净漉出，捣如泥浆，以布绞净汁。又将渣捣细，又绞汁尽滤出恶物，以清水少和搅之，然后澄去清水，下即好粉。

茯苓粉：取苓切片，以水浸去赤汁，又换水浸一日，如上取粉，拌末煮粥，补益最佳。

松柏粉：取叶，在带露时采之，经隔一宿则无粉矣。取嫩叶捣汁澄粉，如嫩草，郁葱可爱。

蒺藜粉[①]：柏中捣去刺皮[②]，如上法取粉，轻身去风。

山药拨鱼：白面一斤，好豆粉四两，水搅如调糊，将煮熟山药研烂，同面一并调稠，用匙逐条拨入滚汤锅内，如鱼片，候熟，以肉汁食之。无汁，面内加白糖可吃。（《遵生八笺》）

【注释】

①蒺藜（jí lí）：一年生草本植物，茎平铺地上，羽状复叶，小叶小花。果实有尖刺，一名鬼头针，入药，有滋补作用。

②柏（jiù）：木制的捣制工具。

肉类名菜

宋府火炙猪

宋府指明代祖籍松江，后居京师（今北京），世代为官的宋诩家。宋家是当时天下闻名的高门，烤猪肉是宋家第三代宋诩的母亲亲传的一款名菜。这款菜原名“火炙猪”，有两种做法，一种是将肥嫩猪肉切片加盐和花椒大小茴香末腌后放在铁烤床上烤，另一种则是将薄猪肉片粘在瓷碗中封上纸烤。“炙”在古代一般是指叉烤或串烤，这里的两种烤法均与此相悖，说明到明代时，“炙”字已泛指其他形式的烤肉法。

火炙猪[①]：一用肉肥嫩者薄切牒[②]，每斤盐六钱腌之，以花椒、莳萝、大茴香和匀，微见日，置铁床中，于炼火上炙熟。一用肉薄切而牒，粘薄瓷碗中，以纸封之，覆置炼火上烘熟。(《竹屿山房杂部》)

【注释】

①火炙猪：原题后注“二制”，即两种制法。

②薄切牒（zhé）：切薄片。牒，即肉片。

宋府手烦肉

宋家的这款菜不见于前代记载，属于宋府独创。其做法也比较独特，将煮烂的猪肉去骨后带少许汤用手反复揉搓，待成肉浆时加入花椒盐水，冷却结冻后即可切厚片食用。

手烦肉①：取肉水烹縻烂，去骨，和少汁烦揉融液，加花椒、盐，俟凝，厚切用之。（《竹屿山房杂部》）

【注释】

①烦：通“挼”，音 ruó，揉搓的意思。

眉公薄荷叶蒸肥膘

眉公即明代著名文人陈继儒，因其号眉公，故世称陈眉公。陈为明代松江华亭（今上海松江）人，史载其“工诗善文，短翰小词，皆极风致。书法苏米，兼能绘画，名重一时”。陈眉公对饮食极为讲究，根据清初朱彝尊《食宪鸿秘》，此菜菜名后注为“陈眉公方”，可知此菜是由陈眉公所创。

骰子块①：猪肥膘，切骰子块。鲜薄荷叶铺瓶底，肉铺叶上，

再盖以薄荷叶，笼好，蒸熟。白糖、椒盐掺滚，谓肥者食之亦不油气。(《食宪鸿秘》)

【注释】

①骰（tóu）子块：将猪肥肉切成小块，用鲜薄荷叶铺底，吃时滚上白糖、椒盐。

宋府糖猪羓

这是一款油炸猪肉块：肉块炸之前要用红糖和香辛料腌制，炸时要用香油。可以推想，肉块捞出后色泽红润、香气扑鼻。

糖猪羓[1]：取肉去肤骨，切二寸长、一寸阔、半寸厚脔[2]，以赤沙糖少许、酱、地椒、莳萝、花椒和匀[3]，微见天日即收或阴干。先以香油熬熟，既入肉，不宜炀火[4]，倾少自熟。(《竹屿山房杂部》)

【注释】

①糖猪羓（bā）：猪，原作“豬”；羓，肉干。

②脔：肉块。

③地椒：唇形科植物百里香的全草。

④炀火：旺火。

宋府冻猪肉

这是宋家的又一款冻类冷菜。根据宋诩的介绍，这款菜虽然名为冻猪肉，而实际上却是猪蹄筋冻。调料中有甘草，是这款冷菜用料上的一个特点。

冻猪肉：惟用蹄爪，挦洗甚洁[1]，烹糜烂，去骨取肤筋，复投清汁中，加甘草、花椒、盐、醋、橘皮丝调和，或和以芼熟团潭笋[2]，或和以芼熟甜白莱菔[3]，并汁冻之。（《竹屿山房杂部》）

【注释】

①挦（xián）洗：搓洗。

②芼熟：焯熟。

③甜白莱菔：即甜白萝卜。

④并汁冻之：连汁一起结成冻。

戴羲猪蹄膏

戴羲在明崇祯时曾任职于与宫廷饮食有关的光禄寺，这款猪蹄膏从其用料、制作工艺、出品款式和色香味来看，很有可能是明代宫廷的一味冷菜。烹制时先将猪蹄洗净，放在砂锅中文火熬制一个上午，炖烂后去除骨头切成泥状，再放入砂锅中熬制一个下午，取出后放入麻布袋挤出汁液，放入碗中让其自然结冻。

此种方法也可以做鸡冻、鱼冻。

猪蹄膏[1]：用肥猪膀、蹄及爪一只净洗去毛壳。于砂銚[2]，着水煎熬。文武火不住，自晨至午。极烂，取出，去骨，砍如泥。仍放銚内下酱油一斤，熬至晚，则膏成矣。方取出，用细麻布袋盛，滴清汁于小钵内，令其自冻。用时，先去面上油脂。作包馅甚妙。其著底，色如琥珀可爱。切方块入供[3]。是时可停旬余。入春天暖，则易化且不冻也。鸡、鱼亦可仿作。止下净盐[4]，不用酱油，色白如水晶。鱼宜多姜乃不腥。(《养余月令》)

【注释】

①猪蹄膏：即“猪蹄冻”。

②砂銚(zhào)：当时的一种砂锅。

③入供：放入碟内供食。

④止：今作“只”。

宋府猪豉

这应是明人宋诩家的一款家常菜。制作时，先用白芷、官桂和鲜紫苏叶同水熬成料汤，再放入肥猪肉丁，待肉丁煮熟时，放入泡过发起的黄豆，将豆煮熟后加入酱和砂仁末，调好口味出锅，控尽汤汁，晾干即成猪豉。宋诩指出，也有先将豆炒熟再放肉丁的。不难看出，宋府的这款猪豉上承宋元咸豉，下传后世京菜肉丁五香豆，800 多年来绵延不绝。

猪豉：先用白芷、官桂、鲜紫苏叶同水煎汁，次投以肥猪肉（去肌骨方切小脔[①]），烹熟。又次投以释大黄豆，烹熟[②]，加酱、缩砂仁坋调和取起[③]，沥之日，暴使燥。有用豆先炒熟方下[④]。“肉豉”仿此。(《竹屿山房杂部》)

【注释】

①小脔：小块肉。脔，肉块。

②释大黄豆：泡发过的黄豆。

③坋（bèn）：即粉末。

④有用豆先炒熟方下：也有先将黄豆炒熟再放入肉锅中的。

宋府酒烹猪

这是宋诩家的又一款“烹猪”菜，其制法同酱烹猪一样，只不过要多放酒，再加少许甘草烹熟，最后用盐、醋、花椒和葱调好口味即可。酒多肉易酥烂且香，甘草则可使肉块在色泽悦人的同时还透着微微的甜美。配料则可以放竹笋和茭白。由上可以推断，这款菜原本是宋府的家乡菜。

酒烹猪：如前制[①]，宽以酒水，同甘草少许烹熟，入盐、醋、花椒、葱调和。《礼注》曰：“带骨醢曰臡，音泥。”和物宜合生竹

明·文徵明 《品茶图》

明·文徵明《惠山茶会图》

明·陈洪绶 《品茶图轴》

笋，去箨块切[2]，同肉烹。茭白，去苞块切，俟肉熟入即起。（《竹屿山房杂部》）

【注释】

①如前制：同酱烹猪的制法一样。

②去箨（tuò）：去掉竹笋的壳。箨，竹笋外层一片一片的壳。

宋府酸烹猪

这款菜的做法同宋家的酱烹猪差不多，也是用甘草同水将猪肉烹熟，独特之处是调料中已有醋，又放酸笋丝，这就是宋府酸烹猪的"酸"味所在。从配料中的酸笋可以推知，这款菜原本也应是宋府的家乡菜。

酸烹猪：一、切脍如前制[1]，水同甘草烹熟，以酱、醋、花椒、葱调和。和物宜新韭，生入即起。新蒜白切丝，生入即起。菜薹芼熟入。发豆芽，少焊入[2]。酸竹笋丝，水洗入。一、烹熟，惟以盐、醋调和。（《竹屿山房杂部》）

【注释】

①切脍如前制：将肉切成丝，按前面（酒烹猪）的方法制作。

②少焊（xún）：稍微焯一下。

宋府蒸猪

这是宋诩家的三大蒸猪之一。这款菜制作工艺上的绝妙之处在于，先用水、酒蒸去肉腥，再加花椒、酱蒸以赋其味，最后浇原汤，肉块表里皆香。

蒸猪：取肉方为轩，银锡砂锣中置之，水和白酒蒸至稍熟，加花椒、酱复蒸糜烂，以汁瀹之[2]。有水锅中慢烹，复半起，其汁渐下，养糜烂[3]，又俯仰交翻之[4]。(《竹屿山房杂部》)

【注释】

①取肉方为轩：选取猪肉中适宜做蒸菜的部位切成块。

②瀹（yuè）：这里作浇讲。

③养糜烂：将肉煨酥烂。

④又俯仰交翻之：再将靠近锅底的肉翻到上面，上面的肉翻到下面。

宋府藏蒸猪

这款菜菜名中的“藏”，实为“酿”，从其用料来看，实际上是蒸酿馅儿竹笋或酿馅儿茄子。在中国菜史上，元代宫廷已有酿茄子，这里的酿竹笋，则是目前发现的最早酿馅儿制作菜谱。

藏蒸猪：一、用竹笋两节，间断为底盖[1]，底深盖浅，藏肉醢料于底[2]，裁竹针关其盖，蒸熟。一、用肥茄切下顶，剔去中瓤子，同笋制。(《竹屿山房杂部》)

【注释】

①间断为底盖：从中间切断，一作底、一作盖。

②藏肉醢料于底：将调好的肉馅儿填入“底”中。

宋府和糁蒸猪

这是宋诩家的又一款蒸猪，这款菜实际上是500多年前的府宅米粉肉。与后世米粉肉稍有不同的是，调料中没有酱油之类的赋色调味品。

和糁蒸猪：用肉小皴牒[①]，和杭米，糁缩砂仁、地椒[②]、莳萝[③]、花椒坋[④]、盐，蒸。取饭干再炒为坋[⑤]，和之尤佳。(《竹屿山房杂部》)

【注释】

①用肉小皴（pī）牒：将肉切成小薄片。

②地椒：唇形科植物百里香的全草。

③莳萝：又名“土茴香”。

④坋（bèn）：粉末。

⑤取饭干再炒为坋：此法实为今日“米粉肉”的做法。

宋府清烧猪

将猪肉块用盐腌制后，放入垫有茄子或瓠瓜的锅中，再撒上葱和花椒，用纸封严锅，烧熟即可；或者是直接将肉块架在锅中，不时往锅中洒入少许酒，用小火将肉烧熟，这就是明人宋诩家传的清烧猪。

清烧猪[①]：一、用肥精肉轩之[②]，盐揉。取生茄半剖，界棱[③]，或瓠布锅底，置肉，加葱、花椒，纸封锅，烧熟。一、不用藉[④]，常洒以酒，慢烧熟。宜蒜醋。(《竹屿山房杂部》)

【注释】

①清烧猪：原题后注“二制”，即两种制法。

②用肥精肉轩之：选用肥精肉切成块。

③界棱：在茄子上划花刀。“界”字今作“剞(jī)”，但北方厨师至今仍有“界刀儿”的俗语词。

④不用藉：即不用放茄子或瓠来垫锅。

宋府酱烧猪

这应是宋诩家传的一款猪肉类名菜。宋诩在菜谱中介绍了酱烧猪的两种制法，溯其源头，这两种制法均来源于宋元时的逡巡烧和锅烧，它们之间的区别仅仅在于架锅烧时肉的生熟而已。

酱烧猪[①]：一、用熟肉大轩[②]，乘热涂研酱坋[③]、缩砂仁、花椒屑、葱白，架锅中烧香。一、先熬油，取酱沃生肉一时[④]，入锅中，渐浇水，以俟熟。宜蒜醋。(《竹屿山房杂部》)

【注释】

①酱烧猪：原题后注“二制”，即两种制法。

②用熟肉大轩：将熟肉切成大块。

③酱坋：酱粉。

④取酱沃生肉一时：将酱放入生肉中渍两小时。沃，放入腌制；一时，一个时辰，古代一时为今两小时。

宋府油烧猪

所谓“油烧”，即用油煸或用油熏肉。根据宋诩在菜谱中所述，在这两种烧法中一种即宋元时的逡巡烧、锅烧；另一种则是用油先将肉煸熟，然后再放入酱、砂仁和花椒将肉炒干香。这两种制法虽然不同，但都具有府宅菜熟制时间长的特点。

油烧猪[①]：一、用脢之肯綮者斧为轩先熬油[②]，投锅中烧熟，加酱缩砂仁、花椒炒燥。一、用肉大切脔[③]，浥香熟油、盐、花椒、葱[④]，架锅中烧香熟。熟肉亦宜。宜醋。

【注释】

①油烧猪：原题后注“二制”，即两种制法。

②用脢之肯綮者斧为轩：选用通脊肉中嫩的部分切成块。脢，即通脊肉；肯綮，筋骨接合的部位，这里指最嫩的贴骨肉。

③用肉大切脔：将肉切成大块。

④浥香熟油、盐、花椒、葱：洒上熟香油、盐、花椒、葱等将肉块腌制。

宋府盐酒烧猪

所谓盐酒烧猪，实际上是将盐、酒等调料腌制的猪蹄架在水锅中蒸制而成。既是“蒸”，为何叫“烧”？从其所用炊器及其加热方式来看，应是宋元锅烧法的演变，但其名仍沿袭旧称。不过，用这种工艺制作猪蹄，熟制时间长，是真正的府宅菜制法。

盐酒烧猪：取肥娇蹄[①]，每一二斤以白酒、盐、葱、花椒和浥顷之[②]，架少水锅中纸封固，慢炀火[③]，俟熟。（《竹屿山房杂部》）

【注释】

①肥娇蹄：肥嫩的猪蹄。

②和浥顷之：调匀倒在猪蹄上。

③炀：此处作烧讲。

宋府和粉煎猪

这是一款制作工艺十分精细的宋府菜。宋诩说，将绿豆洗净泡开去皮，连水磨成浆，加入肉泥和调料，调匀后用勺舀入热油中炸熟，这就是宋家的和粉煎猪。

根据相关菜例可以推知，这款菜当以酥脆香鲜媚人。

和粉煎猪：用绿豆湛洁[1]，水渍，揉飏去皮[2]，和水细磨，杂以肉醢料[3]，勺入油中煎熟[4]。今日饼炙惟以绿豆磨[5]，煎者入油酱炒。(《竹屿山房杂部》)

【注释】

①用绿豆湛洁：将绿豆洗净。

②揉飏去皮：揉搓后扬去皮。

③杂以肉醢（hǎi）料：掺入肉泥和调料。醢，这里作肉泥讲；料，即料物、调料。

④勺入：应即舀入。勺，这里作用手勺舀取讲。

⑤饼炙：原为魏晋南北朝名菜煎鱼饼。

宋府油煎猪

宋府菜谱中的油煎，其意有多种，这里的两种油煎，虽然都是油炸，但主料及其下锅炸之前的处理方法却不同。一种用的是骨肉相间的猪软肋，白煮后用酒、盐等调料腌制片刻，然后炸熟，可称为炸猪排；另一种用的则是精肉，切块后抹上蜜，直接下油锅将生肉炸熟，是典型的蜜炸鲜肉。

油煎猪[1]：一、用胁肋肉骨相兼者斧为脔[2]，相如赋曰[3]：“脟割轮碎。”水烹，加酒、盐、花椒、葱腌，顷之，投热油中煎熟。一、用精肉切为轩[4]，沃以蜜[5]，投热油中煎熟。虽暑月久留不败。暑月掺以香菜亦宜，其类仿此。宜醋。(《竹屿山房杂部》)

【注释】

①油煎猪：原题后注“二制”，即两种制法。

②用胁肋肉骨相兼者斧为脔：选用猪腋下到肋骨尽处肉骨相间的部位剁成块。

③相如：西汉辞赋家司马相如。

④用精肉切为轩：选用精肉切成块。

⑤沃以蜜：涂上蜜。

宋府油爆猪

油爆猪是将熟猪肉丝和竹笋丝、茭白丝先用热油煸香，再放入少许酱油和酒，加入花椒和葱炒匀，这就是明人宋诩家的油爆猪。不难看出，宋家的油爆实际上是用油煸炒。

油爆猪：取熟肉细切脍[1]，投熟油中爆香[2]，以少酱油[3]、酒浇，加花椒、葱。宜和生竹笋丝、茭白丝同爆之。(《竹屿山房杂部》)

【注释】

①取熟肉细切脍：将熟猪肉切成丝。脍，这里作丝讲。

②熟油：即热油。

③少：少许。

宋府藏煎猪

这应是明人宋诩家的特色家常菜。这款菜名为“藏煎猪”，而实际上却是后世所言的炸茄盒或炸酿竹笋。自茄子传入中国后，这份菜谱，是目前发现的最早的炸茄盒菜谱。

藏煎猪[①]：一、用茄，削去外滑肤片切之，内夹调和肉醢[②]，染水调面，油煎。一、用竹笋，芼熟，碎击，同茄制。宜醋。(《竹屿山房杂部》)

【注释】

①藏煎猪：原题后注“二制”，即两种制法。

②内夹调和肉醢：内夹调好的肉馅儿。

宋府蒜烧猪

这款蒜烧猪，实际上是蒜子烧带骨猪头肉。其做法是：猪头肉块先要用油煸，再逐渐放入酒、水，烧酥烂时放蒜瓣和盐，并且要多放蒜瓣，然后迅速出锅即可。后世蒜烧与宋家最主要的不同是，蒜瓣多是油炸后再放入锅中与肉同烧。

蒜烧猪：用首斧为轩[①]，先熬油[②]，炒之，少以酒、水渐浇[③]，烹糜烂，多加蒜囊与盐[④]，调和即起。(《竹屿山房杂部》)

【注释】

①用首斧为轩：将猪头剁成块。首，猪头；斧，剁。

②先熬油：先将油烧热。

③少以酒、水渐浇：炒一会儿再不时浇些酒、水。

④多加蒜囊：多放蒜瓣。

宋府猪肉饼

这里的猪肉饼，是指肉丸按扁后的丸饼。宋诩介绍了猪肉饼的三种熟制法，即蒸、氽、煎。在用这三种方法加热猪肉饼之前，肉饼的调制方法是一样的。具体做法是：将肥多精少的猪肉剁成泥，加入虾泥或鳜鱼泥，再拌入藕末和调料，做成饼即成。

猪肉饼[①]：一、用肉多肥少精。或同去壳生虾，或同黑鳢鱼、鳜鱼，鼓刀机上薄敁牒[②]，又报斫为细醢[③]，和盐少许，有杂以藕屑浥酒为丸饼。非蒸则作沸汤烹，熟，以胡椒、花椒、葱、酱油、醋与原汁调和浇瀹之。取绿豆粉皮，下藉上覆之蒸，用则块切。和物宜芝麻腐、豆腐、山药、生竹笋、蒸果、蒸蔬以酱油同香油煎熟。和物宜鲜菱肉（去壳）、藕（块切）、豇豆（段

切)、鸡头茎(段切，俱别用[4]，油盐炒熟)。(《竹屿山房杂部》)

【注释】

①猪肉饼：原题后注“三制”，即三种制法。

②鼓刀机上薄皴牒：用刀在几案上将肉切成薄片。

③又报斫(zhuó)为细醢：再不停地将肉剁成肉泥。

④俱别用：都另外用。

宋府盐酒烹猪

盐酒烹猪，将炖稍熟的猪肉趁热用盐、酒等调料腌下，然后架在有少量油的锅中盖严烘熟，出锅前再倒入少许酒烹一下，这就是明人宋诩家传的一款府宅菜。从工艺源流上说，宋府这款菜的制法与宋元时的逡巡烧和锅烧一脉相承。

盐酒烹猪：烹稍熟，乘热以白酒、盐、葱、花椒遍擦，架锅中，锅中少沃以熟油[1]，蒸香。又少沃以酒微蒸取之。(《竹屿山房杂部》)

【注释】

①锅中少沃以熟油：锅中稍微放点儿熟油。

宋府熟猪脍

这是明人宋诩家传的一款冷菜。将熟猪肉丝同苦瓜、鲜瓜、鲜藕、茭白、莴苣、茼蒿、熟竹笋、绿豆粉皮、鸭蛋皮等丝和熟虾肉、嫩韭放在一起，浇上用花椒、胡椒、芝麻油和酱等调成的五辛醋或芥辣调味汁，这就是当年宋家的“熟猪脍”。12 种荤素食材拌于盘，颇有春盘合菜的韵味。

熟猪脍[①]：熟猪肉切脍[②]，和苦瓜（薄切揉洗）生瓜、鲜藕、茭白、莴苣、同蒿[③]、熟竹笋、菉豆粉皮[④]、鸭子薄饼皆切细条[⑤]，熟鲜虾去壳肉芼[⑥]、韭白头俱宜。或五辛醋、芥辣浇。（《竹屿山房杂部》）

【注释】

①熟猪脍：此菜实际上是凉拌荤素什锦丝。

②切脍：切丝。“脍”本指细切的生鱼肉丝、生肉丝，这里引申为“丝”义。

③同蒿：明人李时珍《本草纲目》：“同蒿八九月下种，冬春采食肥茎。花、叶微似白蒿其味辛甘作蒿气……今人常食者。”同，今作“茼”。

④菉豆粉皮：即绿豆粉皮。

⑤鸭子薄饼：用鸭蛋液摊的薄饼。今称此工艺为“吊蛋皮儿”。

⑥去壳肉芼：去壳用肉。芼，此处作择用讲。

宋府盐煎猪

这是明人宋诩家的一款家常菜。将猪肉片投入锅中炒变色后，加少许水煨熟，然后再放花椒、葱和盐，配料则以芋头、胡萝卜等为宜。宋诩称，这款菜不宜汁宽。

盐煎猪[①]：用肉方攱牒，入锅炒，色改，少加以水烹熟，汁多则杓起渐沃之[②]（后凡有不宜汁宽者多仿此），同花椒、葱、盐调和。和物俟熟。宜芋魁，劘去皮[③]，先芼熟。白莱菔[④]，击碎，芼熟去水。茄，芼熟去水，干再芼柔。山药，刮去皮，先芼熟。荞头，丝瓜，稚者劘去皮[⑤]，芼。瓠，劘去皮犀，芼。胡萝卜，甘露子[⑥]。粳糯米粉，熟，范为茧[⑦]。（《竹屿山房杂部》）

【注释】

①盐煎猪：原题后注为“先烹肉，熟而切之亦宜”。

②渐沃之：将多余的汤酌量放回锅中。

③劘（mó）：这里作削讲。

④白莱菔：白萝卜。

⑤稚者：这里指嫩丝瓜。

⑥甘露子：又名“草石蚕”，煮食绵腻，味如百合。

⑦范为茧：用模子制为茧状粉食。

宋府酱烹猪

这份菜谱值得关注的一点是：用灯芯草来测试鲜香菇是否有毒，凡是洗香菇时加入灯芯草变黑，说明香菇有毒不能食用。

酱烹猪[①]：一、同前制[②]。甘草水烹，加酱、缩砂、花椒、葱调和。和物宜生蕈（汤焊去涎，冷水再洗，泲干入之[③]，加灯草芼试，灯草黑色则有毒。朱文公先生《紫蕈》诗云“风餐谢肥羜”[④]）、蒟蒻（音若，去粗皮，大切片，芼熟捞起，每一枚视老稚用淋灰水二碗或三碗捣糜烂为饼[⑤]，再用水芼色明润，碎切和之。《本草》云：“生戟，人喉后多仿此。”）、芦笋（去苞，肉熟入。杜工部诗云[⑥]“春饭兼苞芦”，注曰：“芦，笋也。”）、蒲蒻（生入之即起）、大口鱼（洗，方切）、对虾（洗，片披[⑦]）。一、同生爨牛制[⑧]。（《竹屿山房杂部》）

【注释】

①酱烹猪：原题后注为“二制，先烹肉熟而切之亦宜”。

②同前制：与前文（指酱煎猪）制法一样。即“同盐煎，惟用酱油炒黄色”。

③泲（jǐ）干：控干。

④朱文公：南宋哲学家朱熹。

⑤老稚：老嫩。

⑥杜工部：唐代大诗人杜甫。

⑦片煅：片成片。

⑧同生爨牛制：与“生爨牛”的制法一样。

韩奕大爊肉

这款大爊肉可称作原锅红曲肉条。选料考究，加热层次多，所用调料品种多，又用老汤和虾汤，是这款菜在原料组配和制作工艺上的最大特点。

大爊肉[①]：肥嫩杜圈猪约重四十斤者，只取前胛[②]，去其脂，剔其骨，去其拖肚[③]，净取肉一块，切成四、五斤块，又切作十字，为四方块。白水煮七八分熟，捞起，停冷[④]。搭精肥，切作片子（厚一指）净去其浮油，水[⑤]。用少许厚汁放锅内，先下爊料[⑥]，次下肉，又次淘下酱水，又次下元汁[⑦]，烧滚。又次下末子细爊料在肉上又次下红曲末（以肉汁解薄）倾在肉上[⑧]，文武火烧滚，令沸，直至肉料上皆红色方下宿汁[⑨]。略下盐，去酱板次下虾汁[⑩]，掠去浮油，以汁清为度，调和得所，顿热其肉与汁，再不下锅。(《易牙遗意》)

【注释】

①爊（āo）：即“熬”，放在微火上煨熟。

②胛：高濂《遵生八笺》中为“腿”字。

③拖肚：垂下的肚皮。

④停冷：晾凉。

⑤水：此字在这里不可解，疑为误刻。

⑥爊料：联系上下文，当为“粗爊料”。据该书记载，“粗爊料”的构成及用法是：“炙用官桂、白芷、良姜等分，不切，完用。”

⑦元汁：指前面煮肉的原汤。

⑧细爊料：据该书记载，“细爊料”的构成及用法是：“甘草多用，官桂、白芷、良姜、桂花、檀香、藿香、细辛、甘松、花椒、宿（缩）砂、红豆、杏仁等分，为细末，完用。”

⑨宿汁：今称“老汤”。据该书记载，“宿汁”的留存方法是：“宿汁：每日煎一滚，停顷少时，定清方好。如不用，入锡器内或瓦罐内，封盖，挂井中。”

⑩酱板：煮肉时垫在锅底以防煳锅的木板。今北京仍有此语。

宋府盐煎牛

这是明代一款比较典型的府宅爆炒菜。根据宋诩的介绍，这款盐煎牛实际上是500多年前的葱爆牛肉或炒烤肉。

盐煎牛：肥者薄攲牒，先用盐、酒、葱、花椒沃少时[①]，烧锅炽[②]，遂投内速炒，色改即起。（《竹屿山房杂部》）

【注释】

①沃少时：腌制一会儿。

②烧锅炽：将锅烧极热。

宋府牛脯

这款牛脯制作工艺不同于先秦汉唐，牛肉片炖熟后，不是直接晾干或烘干，而是压干后油炸，再放入开水锅中涮去油，捞出以后洒上酒揉搓，撒上百里香、小茴香、花椒、葱和盐腌制入味，最后还要放入锅中用油煸，出品则以味道干香为佳。

牛脯①：用肉薄切为牒②，烹熟，压干，油中煎。再以水烹去油，漉出③，以酒挼之④，加地椒⑤、花椒、莳萝、葱、盐，又投少油中炒香燥。《少仪》⑥曰："聂而切之为脍。"注曰："聂之言牒也。先藿叶切之，复报切之则成脍。"撒马儿罕有水晶盐⑦，坚明如水晶，琢为盘，以水湿之，可和肉食。(《竹屿山房杂部》)

【注释】

①牛脯：原题后注为"脯，干肉也"。

②用肉薄切为牒(zhé)：将肉切为薄片。

③漉出：捞出。

④以酒挼(ruó)之：用酒揉搓。挼，揉搓。

⑤地椒：唇形科植物百里香的全草。

⑥《少仪》:《礼记》的一篇。

⑦撒马儿罕：古地名，又做撒马尔罕，在今中亚乌兹别克斯坦境内。

宋府油炒牛

这是明人宋诩家的一款家常菜。从宋诩的介绍来看，这款菜有三种做法，这三种做法都要求热锅速炒，菜品则以干香为佳。主要区别则是主料的生熟，以及主要调料一为盐，二为酱，三为红糖。

油炒牛[①]：一、用熟者，切大脔或脍[②]，以盐、酒、花椒沃之[③]，投油中炒干香。一、生者切脍，同制[④]，加酱、生姜，惟宜热锅中速炒起。一、生脍，沃盐、赤砂糖，投熬油速起。(《竹屿山房杂部》)

【注释】

①油炒牛：原题后注“三制”，即三种做法。

②切大脔或脍：将肉切成大块或丝。

③沃之：腌制。

④同制：与以熟肉为主料的制法一样。

宋府熟爨牛

这实际上是一款冷氽酸菜牛肉丝。菜谱中虽然没有明确是用生牛肉还是熟牛肉，但是从“冷水中烹”来看，用的显然是白煮熟牛肉。

熟爨牛：切细脍，冷水中烹，以胡椒、花椒、酱、醋、葱调和。有轩之[①]，和宜酸齑[②]、芫荽[③]。（《竹屿山房杂部》）

【注释】

①有轩之：也有将肉切成块的。

②和：这里指和物，即配料。酸齑：酸菜。

③芫荽：香菜。

宋府生爨牛

爨本指炊灶煮饭，在这里却是指后世所言的汆。菜谱中提供了这款菜的两种做法，一种为喂汆法，一种则为烫汆法，这两种汆肉片的方法至今盛行不衰。

生爨牛[①]：一、视横理薄切为牒[②]，用酒、酱、花椒沃片时[③]，投宽猛火汤中速起，凡和鲜笋、葱头之类皆宜先烹之。一、以肉入器，调椒、酱，作沸汤淋，色改即用也[④]。《礼》曰[⑤]：“薄切之必绝其理。”（《竹屿山房杂部》）

【注释】

①生爨牛：原题后注“二制”，即两种制法。

②视横理薄切为牒：看准纹理横切为薄片。此正合“横切牛

羊竖切鸡”的厨谚。

③沃片时：腌制一会儿。

④色改即用也：肉片一变色就可以食用了。

⑤《礼》:《礼记》。

宋府油炒羊

将锅烧热，放油，油热时放羊肉块，煸透后倒入酒、水煨，调料则放盐、蒜、葱和花椒，这就是明人宋诩家的油炒羊。看来宋家的油炒是用油先煸主料，然后再加酒、水等调料将主料煨熟，而不是用热锅速炒法。

油炒羊[1]：用羊为轩[2]，先取锅熬油，入肉，加酒水烹之，以盐、蒜、葱、花椒调和。(《竹屿山房杂部》)

【注释】

①油炒羊：原题后注为："宜肥羜。诗注曰：'羜，未成羊也。'"意思是做"油炒羊"这个菜，选肥嫩的小羊最适宜。《诗经》注说，羜是未成年的羊。

②用羊为轩：将羊肉切成块。

宋府牛饼子

这款牛饼子实际上是汆牛肉饼加汤浇调味汁或煎牛肉饼浇汁。将肉泥做成小饼状，元代已有，元代宫廷的“肉饼儿”就是一种炸羊肉饼。相比之下，宋家的牛饼子则以滑嫩清鲜为胜。

牛饼子：一、用肥者碎切，机上报斫细为醢[①]，和胡椒、花椒、酱、浥白酒[②]，成丸饼，沸汤中烹熟浮，先起[③]，以胡根、花椒、酱油、醋、葱调汁浇尚瀹之[④]。一、酱油煎。（《竹屿山房杂部》）

【注释】

①机上报斫细为醢：在案板上将肉切剁成泥。机上，即几案上；报斫，不停地剁。

②浥白酒：洒上白酒。白酒，应指当时有糟渣的低度酒。

③先起：先将牛肉饼捞出锅。

④调汁浇尚瀹之：浇上用胡椒、花椒和酱油等调成的味汁。

宋府烹羊

这款菜名为烹羊，实际上是冷片羊糕。将带骨羊肉炖烂后去骨取肉、用布包好压实，冷却后切片浇汁食用，其制作工艺在魏晋南北朝时期已相当成熟，但在这份菜谱中用于调味汁的花椒油，却是宋家的特色。

烹羊：取肉烹糜烂，去骨，乘热以布苴压实[①]，冷而切之为糕。惟头最宜[②]。热肉宜烧葱白[③]、酱，或花椒油，或汁中惟加

酱油瀹之。(《竹屿山房杂部》)

【注释】

①布苴(pà):布包。苴,这里作包讲。

②惟头最宜:唯以羊头肉做此菜最适合。

③热肉宜烧:综合全文,这四个字应为"熟肉宜浇"。这样一来是符合冷切为糕和浇汁食用的特点,二来于上下文也通达。

宋府牛脩

牛脩是先秦就有的名菜,当时是周天子、诸侯国君享用的美味。明人宋诩家的这款牛脩,比先秦牛脩多了甜酱等调料,实际上可以称作五香酱肉干。酱肉时用调料包,是这份菜谱值得关注的又一个亮点。

牛脩[①]:用肉轩之[②],每二三斤㕮咀白芷[③]、官桂、生姜、紫苏、水烹,甜酱调和,俟汁竭,架锅中炙燥为度。宜醋。《则》注曰:"大切曰轩。"凡㕮咀之物,入囊括之,同烹[④]。后多仿此。(《竹屿山房杂部》)

【注释】

①牛脩(xiū):原题后注为:"《礼》曰:'妇贽脯脩曰抄,加姜桂曰脩。'"《礼》,即《礼记》;脩,即干肉。

②用肉轩之:将肉切成大块。

③㕮咀(fǔ jǔ):谓将白芷、官桂等研细。

④凡吹咀之物，入囊括之，同烹：凡是研细的调料都要用袋装起来同肉一起炖。

宋府爊羊

爊，本是从宋代流传下来的一种五香酱肉法，宋家的这款烧羊却有两种做法，其中一种是将炖熟的羊前腿肉架在锅中烘干，实际上是干锅烤五香酱羊腿，这应是宋家的特色。

爊羊[①]：一、肉烹糜烂，轩之，先合爊料同鲜紫苏叶水愈浓汁[②]，加酱调和入肉。一、以爊料汁烹羊肩背[③]，俟熟，加酱调和捞起，架锅中炙燥为度。（《竹屿山房杂部》）

【注释】

①爊羊：原题后注“二制”，即两种制法。

②爊料：做爊类菜的调味料。按该书记载，爊料由香白芷二两、藿香二两、官桂二两和甘草五钱研末配成。

③羊肩背：今称“羊前腿”。

宋府酱炙羊

“炙”原本是指叉烤或串烤，“酱炙”则是先将主料用调料腌制再烤，但宋家的“酱炙羊”却是从宋元流传下来的“锅烧羊”。宋诩对此的解释是：“今无此制，惟封于锅也。”不过从《宛署杂记》和《五杂俎》等明人著述来看，烤肉串在明代北京仍可见到。

酱炙羊[1]：用肉为轩，研酱末、缩砂仁、花椒屑[2]、葱白、熟香油揉和片时，架少水锅中[3]，纸封锅盖，慢火炙熟。或熟者复炙之。(《竹屿山房杂部》)

【注释】

①酱炙羊：原题后注为：“《诗注》曰：‘炕火曰炙。’谓以物贯之而举于火上以炙之。今无此制，惟封于锅也。炕，口盎切。”

②花椒屑：花椒末。

③少水：少量水。据此可知这款酱炙用的是锅烧法中的水烧法。

宋府炙兔

这款炙兔将用香油、花椒等调料腌制过的整只带骨兔架在锅中纸封烤熟，实际上是用宋元流传下来的锅烧法制成，而不是叉烤或串烤的“炙”法，这是宋家府宅菜工艺称谓的一个特点。

炙兔[1]：挦洁，少盐腌，遍揉香熟油、花椒、葱，架锅中，纸封，史熟。少以醋浇热锅中，生焦烟，烛黄香[2]。宜蒜醋。(《竹屿山房杂部》)

【注释】

①炙兔：即锅烧兔。

②烛：疑为“熏”字之误。

宋府爊犬

同宋府爊羊一样，这款菜也是将炖熟的五香酱犬再放入干锅中烘烤而成，比对后可以明显看出，在制作工艺上，明代宋府的“爊”比宋代的又多了干锅烘烤，其工艺追求则是“干香”。

爊犬[①]：用肉[②]，同白酒、水、香白芷、良姜、官桂、甘草、盐、酱烹熟[③]。复浥以香油[④]（加花椒、缩砂仁），架锅中，烧干香。甘甚美。（《竹屿山房杂部》）

【注释】

①爊犬：锅烧狗肉。

②用肉：应指带骨狗肉。

③烹熟：炖熟。

④复浥：再浇。

宋府煨犬

这是宋诩家一款富于府宅特色的美味。其煨犬的方法很独特，将炖烂的犬肉去骨后，加入用鸡鸭蛋液和花椒、葱、酱调匀的浆，放入瓮中，封严瓮口，用谷糠火煨一天一夜，待火熄瓮凉时即可开瓮取食。可以看出，这款菜所用的瓮（坛）煨工艺远非始于明代。

煨犬：用肉[1]，烹糜烂，去骨，调鸡鸭子[2]、花椒、葱、酱，烦匀[3]，贮瓮中，泥涂其口。焚砻谷糠火煨，终一日夜。俟冷，击瓮开，取之。（《竹屿山房杂部》）

【注释】

①用肉：从正文介绍的"烹糜烂，去骨"来看，这里的"肉"指带骨肉。

②鸡鸭子：鸡鸭蛋。

③烦匀：反复涂匀。指将蛋糊抹遍狗肉上。

宋府鹿炙

这款烤鹿肉实际上是后世俗称的炙子烤肉，从其对鹿肉的刀工处理、腌肉的调料、烤炙器具以及操作方法等方面来看，基本上沿袭了宋元时期的铁床炙。

鹿炙：用肉舨二三寸长微薄轩[1]，以葱、地椒[2]、花椒、莳萝、盐、酒少腌，置铁床上，傅炼火中炙，再浥汁，再免之，俟香透彻为度。（《竹屿山房杂部》）

【注释】

①皴二三寸长微薄轩：切二三寸长微薄的片。

②地椒：唇形科植物百里香的全草。

宋府一捻珍

这款菜对主料的处理有点类似后世的泥子活。将猪肥精肉和鳜鱼、鲤鱼肉先片成片，再剁成泥，然后加入鲜栗丝、风菱丝、藕丝、鲜笋丝、草菇丝、核桃仁末和胡椒、花椒、酱调匀，用手捻成一指形，蒸后即可以做羹，这就是“一捻珍”。

一捻珍：用猪肥精肉杂鳜鱼、鲤鱼俱皴为牒[①]，机上报斫细为醢[②]，以生栗丝、风菱丝、藕丝、生笋丝、麻姑丝[③]、胡桃仁细切、胡椒、花椒、酱调和，手捻为一指形，蒸之入羹。(《竹屿山房杂部》)

【注释】

①俱皴为牒：都片成片。

②机上报斫细为醢：在案上连续细剁成泥。

③麻姑丝：草菇丝。

禽类名菜

宋府烘鸡

后世烤鸡一般都是腌制后生烤，宋诩家的这款烘鸡，却是用二次加热法制作的一种烤鸡。烤之前鸡要先白煮一下，然后淋上调料汁，在烤的过程中还要不断淋调料汁，这一切工艺努力都是为了使烤出的鸡外皮香脆而肉又有滋味。

烘鸡：刳鸡背[①]，微烹[②]，用酒、姜汁、盐、花椒、葱浥之[③]，置炼火上烘，且浥且烘，以熟燥为度[④]。(《竹屿山房杂部》)

【注释】

①刳（kū）鸡背：剖开鸡背掏去内脏。

②微烹：稍微煮一下。

③浥之：即将调料汁淋在鸡身上。

④熟燥：指鸡肉全熟皮松脆。

宋府熏鸡

明代的熏鸡，有先炸后熏的。这种熏鸡比较香，但油腻。宋府的这款熏鸡，以香而不腻见长。在制作工艺上，其与后世熏鸡主要有两点不同：一是宋府熏鸡熏之前将鸡煮微熟，后世一般是先将鸡蒸熟；二是熏料只有谷糠，而后世的多为大米、茶叶和白糖。

熏鸡[①]：用鸡背刳之[②]，烹微熟[③]，少盐烦操之七盛于铁床[④]，覆以箬盖，置焚砻谷糠烟上熏燥。有先以油煎熏。（《竹屿山房杂部》）

【注释】

①熏鸡：原题后注“二制”，即介绍两种制法。

②用鸡背刳之：从鸡背剖开掏去内脏。

③烹微熟：炖微熟。

④少盐烦操之：用少许盐反复揉遍鸡身。

宋府烧鸡

这款烧鸡及其烧法应是后世烧鸡的一个祖本。烧之前既可以是煮熟的鸡，也可以是生鸡，烧的方法则是从宋元流传下来的“锅烧”法。

烧鸡：用熟者，以盐、酒、花椒末、葱白屑遍挼之[①]，架锅中，以香油浇上，烧黄香。生者同制[②]。（《竹屿山房杂部》）

【注释】

①遍挼之：搓遍鸡身。

②生者同制：生鸡做法同熟的一样。

宋府蒜烧鸡

这里的蒜烧鸡实际上是以大蒜为主要调料的酒炖鸡。一般认为大蒜在东晋（317—420）时从中亚细亚或波斯传入中国，到宋代已“处处有之”，但以大蒜为主要调料的菜，见于记载的却不多。宋家祖上本为南方人，却欣赏蒜烧鸡，说明久居京师（今北京）的宋家饮食已融入北方食俗。

蒜烧鸡：取骟鸡[①]，挦洁，割肋间去脏，其肝、肺细切醢[②]，同击碎蒜囊[③]、盐、酒和之，入腹中，缄其割处[④]，宽酒水中烹熟。手析杂以内腹用[⑤]。（《竹屿山房杂部》）

【注释】

①骟（shàn）鸡：即阉鸡。

②细切醢（hǎi）：细切成泥。醢，原义为肉酱，在此处作肉泥解。

③蒜囊：蒜头、蒜瓣。

④缄其割处：封住鸡的刀口。

⑤杂以内腹用：掺上填入鸡腹内的肝肺泥食用。

宋府藏鸡

这款菜名为“藏鸡”，而实际上是将整鸡脱骨后，再把剁成泥状的鸡肉调好味“藏”入即填入鸡身内炖制而成。在中国菜史上，这份菜谱是目前发现的关于整鸡脱骨操作方法的最早记载。

藏鸡：用鸡[①]，割嗉，尽处去内脏，将铲去其骨[②]，其髋、髀间则钳碎而取之，调和，切肉醢实遍满[③]，少则足以猪肉醢，割处挫针纶丝缝密，水烹熟。宜母鸡初卵而未抱者。(《竹屿山房杂部》)

【注释】

①用鸡：从下文可知，这里用的是“初卵而未抱”的母鸡。抱，孵卵成雏。

②将铲去其骨：用铲脱去鸡骨。铲，指烤肉扦之类的器具。

③切肉醢实遍满：切剁成肉泥填满鸡身内。肉醢，肉泥。

南味冻鸡

将白煮过的鸡肉撕成条，同白鲞一起加入竹笋、橘皮、甘草等调料，放入锅内，倒入鸡汤，烧开调好口味，然后倒入瓷器中晾凉结成冻即成，这就是宋诩家的“冻鸡”。白鲞、竹笋、橘皮、甘草是元明南味菜肴的常用食材，这大约是祖上为南方人的宋诩为何将此菜收入其书的缘故。

冻鸡：用鸡烹熟，手析之白鲞洗洁[①]，手析之，同入锅，以鸡汁[②]、生竹笋条、橘皮条、甘草、花椒、葱白、醋调和，贮瓷器凝冻之。(《竹屿山房杂部》)

【注释】

①手析之：用手撕成条。

②鸡汁：鸡汤。

宋府油煎鸡

宋府的油煎鸡实际上是两款菜，一款类似于后世传统名菜香酥鸡，炸之前要用调料腌制；另一款则与后世的扒鸡或烧鸡相似，炸后用料汤小火炖。

油煎鸡[①]：一、用鸡全体[②]，揉之以盐、酒、花椒、葱屑[③]，停一时。置宽热油中煎熟。一、用鸡全体，先在热油中爁黄色[④]，以酒、醋、水、盐、花椒慢烹，汁竭为度。(《竹屿山房杂部》)

【注释】

①油煎鸡：原题后注“二制”，即介绍两种制法。

②用鸡全体：用整只鸡。

③葱屑：葱末。

④燣（làn）：此处作炸讲。

宋府油爆鸡

宋诩在菜谱中介绍的油爆鸡有两种做法，一种是用熟鸡肉丝，同酱瓜、姜丝、栗子、茭白丝和竹笋丝一起用热油爆炒，起锅前加入花椒末和葱；另一种则是将生鸡肉丝用盐、酒、醋腌制后，烫一下再同酱瓜、茭白丝等配料用热油爆炒，后世的传统名菜“烧烩两鸡丝”当可溯源于此。

油爆鸡[①]：一、用熟肉，细切为脍[②]，同酱瓜、姜丝、栗、茭白[③]、竹笋丝，热油中爆之，加花椒、葱起。一、用生肉，细切为脍，盐、酒、醋浥少时[④]，作沸汤焊[⑤]，同前料入油炒。（《竹屿山房杂部》）

【注释】

①油爆鸡：原题后注“二制”，即介绍两种做法。

②细切为脍：细切成丝。

③茭白：“白”字后面疑脱“丝”字。

④浥：此处作腌制讲。

⑤作沸汤焊（xún）：烧开汤烫一下。

宋府夹心蛋羹

宋诩介绍了10余种以家禽蛋为主料的菜，可以说是对16世纪初（明弘治甲子年，即1504年）以前这类菜谱的一个总汇，这里的夹心蛋羹就是其中较有特色的一款禽蛋菜。

或先调卵于器①，汤中顿微熟，细切熟猪肉醢铺上，又将卵泻入，再顿熟。(《竹屿山房杂部》)

【注释】

①先调卵于器：先将蛋液在器皿中打匀。

宋府鸡生

从字面看，“鸡生”应指生吃的鸡丝，但宋家菜谱上的这款鸡生，却是以熟鸡肉末为主料、用模子成形的明代府宅宴席名菜。其做法是：将煎过的鲜鸡肉末同核桃仁、榛仁、松仁和酱瓜末或白糖拌匀后，填入模子中刻出各种形象的块，然后装盘上桌即成。用于食品的模子在魏晋南北朝时期已经出现，当时的竹制模子主要用于煎炸类热菜的成形。宋诩所说的这种用于冷菜的模子成形法，应是目前发现的在传世文献中最早的具体记载。

鸡生[①]：一、割已生卵未施抱，鸡挦洁[②]，不入水，鼓刀取胸下白肉同股间肉[③]，㓣绝薄牒[④]，以绵纸布之，收尽血水。取少油，微滑锅中，炙[⑤]，肉色改白，报切为绝细末[⑥]，杂退皮胡桃[⑦]、榛、松仁、栗肉、藕、蒜白[⑧]、草果仁、酱瓜、姜，俱切绝细屑[⑨]，与鸡末等和醋少许，随范为形像[⑩]，供筵中用。一、止杂以胡桃、榛、松仁、白砂糖。(《竹屿山房杂部》)

【注释】

①鸡生：原题后注“二制”，即介绍两种做法。

②挦洁：煺毛整治洁净。

③鼓刀取胸下白肉同股间肉：操刀取下胸脯下的白肉和大腿肉。鼓刀，操刀。

④㓣绝薄牒：切成极薄的片。

⑤炙：此处作煎讲。

⑥报切：顶刀切。

⑦杂退皮胡桃：掺上去皮的核桃。

⑧蒜白：疑为“茭白”之误。

⑨俱切绝细屑：都切成极细的末。

⑩随范为形像：根据模子的不同刻出各种形状的块。范，模子。

南味酒烹鸡

将鸡切块后放锅中先干煸，待鸡块变色时加入酒、水和甘草炖熟，最后用盐、醋、花椒和葱调味。配料则可以放荸荠、竹笋、菱肉、鲜藕、白畚、河豚干等，这就是出自宋诩家的酒烹鸡。炖鸡时加甘草，配料全是江南水乡特产，体现了这款菜的南方风味特点。

酒烹鸡：取鸡斫为轩[①]，热锅中先炒色改，宽水、白酒、甘草烹熟，以盐、醋、花椒、葱调和。冬月多用醋。待冷，贮瓮中密封，能致远数月不败。全体烹熟[②]，调和亦宜。鸡轩先以醋烦揉，入锅熟亦色白。和物宜地栗[③]（生剶去皮）[④]、鲜竹笋同烹，生菱肉、瓠干、生藕、茭白（鸡熟入）、河豚干（同烹）。（《竹屿山房杂部》）

【注释】

①取鸡斫为轩：将净鸡剁成块。

②全体烹熟：整只炖熟。

③地栗：即“荸荠”。

④剶（qiān）：切。

宋府油煎鸭

这款菜品是将鸭肉切成块，先用热油煸，煸出香味后加少许水烧熟，用花椒、葱白、盐和酒调味即成。不难看出，宋诩在这里所说的“油煎”，实际上是用底油煸主料。

油煎鸭：切为轩[①]，投熬油中炒香[②]，同少水烹熟[③]，加花椒、葱白、盐、酒调和。(《竹屿山房杂部》)

【注释】

①切为轩：将鸭切成块。

②熬油：烧热的油。

③同少水烹熟：加少许水烧熟。

宋府烧鸭

明代宋府的烧鸭，不是后世所言的挂炉、焖炉或叉烧鸭，而是“锅烧鸭”。菜谱中介绍的两种烧鸭法，都是从宋元流传下来的“锅烧”法。二者的区别只在于所用调料及其使用方法上的不同。

烧鸭[①]：一、用全体[②]，以熟油、盐少许遍沃之[③]，腹填花椒、葱，架锅中烧熟。一、挼花椒、盐、酒[④]，架锅中烧熟。以油或醋浇热锅上，生烟熏黄香。宜醋。《内则》曰：“弗食舒凫翠[⑤]。”(《竹屿山房杂部》)

【注释】

①烧鸭：原题后注“二制”，即两种做法。

②用全体：用整只鸭。

③遍沃之：抹遍鸭身。

④挼：搓。

⑤弗食舒凫翠：《礼记·内则》原文此处为“舒凫翠”，但全段有“弗食”之意。

宋府炙鸭

炙在古代一般指叉烤或串烤，而宋诩在菜谱中记载的炙鸭，实际上是以爊法和锅烧法合用做成的整只鸭。这两种制法始见于北宋而盛于南宋和元，其中锅烧法是从模拟炉烧法而来，因此这款炙鸭或可称为锅烧鸭。

炙鸭：用肥者[1]，全体漉汁中烹熟[2]，将熟油沃[3]，架而炙之。（《竹屿山房杂部》）

【注释】

①用肥者：用肥鸭。

②全体漉汁中烹熟：将整只鸭放入卤汤中炖熟。漉，疑为“爊”字之误，漉汁应即“爊汁”，即用爊料制成的汤。

③将熟油沃：将炼过的油放入锅中。

宋府烧鹅

烧鹅是明代宫廷的一道大菜，关于其做法，明人宋诩介绍了他家三种烧鹅的方法，这三种烧鹅法的区别都在涂料上，而加热法则完全一样，用的都是宋元始兴的锅烧法。

烧鹅①：一、用全体②，遍挼盐、酒、缩砂仁、花椒、葱，架锅中烧之。稍熟，以香油渐浇，复烧黄香。一、涂酱、葱、椒，浇油烧。一、涂之以蜜，烧。烹熟者同制③。宜蒜、醋、盐水。(《竹屿山房杂部》)

【注释】

①烧鹅：原题后注为“三制，即鹅炙”。谓介绍三种烧鹅的方法，这里的烧鹅应是锅烧鹅。

②用全体：即用整只鹅。

③烹熟者同制：如用煮熟的鹅做烧鹅，方法同用生的一样。

韩奕爊鸭羹

韩奕的这款爊鸭羹，全以煮炖使鸭熟透，与《事林广记》和《居家必用事类全集》中的“爊鸭”在工艺上明显不同。重用调料，采用老汤，并用淀粉勾芡，是这款菜制作工艺上的三个亮点。

燻鸭羹：大肥鸭以石压死，甑过[①]，挦去毛[②]，剁下头颈，倒沥血水在盆内留下。却开肚皮，去肠，入锅中，先下酱氷与酒并沥下血水，煮一滚。方下宿汁并燻料[③]（擘碎入汁中），又下胡萝卜（多则损汁味），又下细研猪胰。临熟，火向一边烧，令汁浮油滚在一边，然后撤之[④]，汁清为度。又下牵头[⑤]，以指按鸭胸部上，肉软为熟。细燻料紫苏多用为主、花根次用、甘草次用、茴香以下并减半之用，杏仁、桂皮、桂枝、甘松、檀香、砂仁研为细末，沙糖、大蒜、胡葱[⑥]，研烂如泥，入前干末和匀。每汁一锅，约用燻料一碗。又加紫苏末，另研入汁牵绿豆粉，临用时多少打用。（《易牙遗意》）

【注释】

①甑过：入甑内烫一下。

②挦去毛：拔去毛。

③燻料：指“粗燻料”。

④撤之：撇去浮油。

⑤牵头：今作“芡”。

⑥胡葱：应即今葱头（洋葱）。

古法蒸鹅

将鹅放入碗中，再将碗放入水锅内，用纸封住锅口，用小火长时间加热，这就是宋诩《竹屿山房杂部·养生部》中的蒸鹅。这种加热法在先秦时已经出现，到宋元时被称作重汤炖，实际上是隔水炖蒸。

蒸鹅[1]：一、用全体，以碗仰锅中蒸之。锅中入水半碗，纸封锅口，慢炀火[2]。俟熟，宜五辛醋。一、同蒸猪。(《竹屿山房杂部》)

【注释】

①蒸鹅：原题后注“二制”，即介绍两种做法。

②慢炀火：长时间用小火。

古法盏蒸鹅

用盏（碗）加调料蒸羊肉在宋元时已很流行，用这种方法蒸鹅则见载于元末明初人韩奕的《易牙遗意》。这款蒸鹅用的是肥鹅肉条，韩奕提供的菜谱未说明鹅肉切条前是否已经稍煮过。根据相关文献记载，鹅肉切条前当已做过这一工艺处理。

盏蒸鹅[1]：用肥鹅肉，切作长条丝，用盐、酒、葱、椒拌匀，放白盏内蒸熟，麻油浇供[2]。(《易牙遗意》)

【注释】

①盏蒸鹅：碗蒸鹅。

②麻油浇供：浇上麻油食用。

古法烹鹅

这款烹鹅实际上是白斩鹅。白斩鸡之类的菜虽然在汉代已有，但关于这类菜的详细制法却鲜见记载。宋诩的这份菜谱，不仅有制作时的工艺要点，还有了宜用调味汁的推荐，这是很难得的。

烹鹅：水烹，作沸汤时宜提动，灌汤于腹易熟烂。宜葱油齑[①]，宜花椒油，宜用其汁同胡椒、花椒、葱白、酱油调和瀹之[②]。《内则》曰："弗食舒雁翠。"注曰："尾肉也。"《埤雅》曰："翠上肉高有穴者名脂瓶。"(《竹屿山房杂部》)

【注释】

①葱油齑：一种预制的调味汁。该书载有此汁制法："取油熬熟，入以长葱，调酱、醋、水、缩砂仁、花椒，一沸，杓入器中。器中先屑葱白，乃注入之。"

②瀹之：浇之。

韩奕豉汁鹅

这是宋、元、明多部书中都提到的一款名菜。按韩奕的说法，这款菜的做法同大爊肉一样，只是爊时汤中的调料不用红曲而是加些擂过的豆豉而已。

豉汁鹅[1]：“豉汁鹅”同法[2]，但不用红曲，加些豆豉，擂在汁中[3]。(《易牙遗意》)

【注释】

①豉汁鹅：此文系从《易牙遗意》“大爊肉”条摘出。

②同法：指此菜的制法同“大爊肉”一样。

③汁：指煮鹅的料汤。

南味酒烹鹅

这款菜的制法同宋府酒烹鸡类似，只是配料中少了河豚干、白鲞、鲜藕、地栗等，属于明代府宅菜中的江南风味菜品。

酒烹鹅：剖[1]，为轩[2]。先炒色改白，同水、甘草烹熟，宽注以酒，加盐、醋、花椒、葱白调和。和物宜生竹笋（同入，烹）、生茭白（肉熟入之即起）、芦笋（生入）、蒲蒻（生入）。全体亦宜[3]。(《竹屿山房杂部》)

【注释】

①剖：将鹅剖开。按：此字前疑有脱字。

②为轩：切成块。按：“为”字前面疑脱“切”字。

③全体亦宜：用整只鹅做也可以。

宋府油炒鹅

宋府的这款油炒鹅，其制法实际上类似于后世的油焖和干烧。鹅肉肉质较粗糙，脂肪含量相对较低，又不容易入味，这应是这款菜为何采用“油炒”工艺的奥秘。

油炒鹅：剖①，切为轩。先熬油，入之，少酒水，烹熟，以盐、缩砂仁末、花椒、葱白调和，炒汁竭②。宜干蕈（洗）、石耳③（洗，俱用其余汁，炒香入）。（《竹屿山房杂部》）

【注释】

①剖：将鹅剖开。

②炒汁竭：炒至汁尽（出锅）。

③石耳：又名“岩耳”“石木耳”，地衣门石耳科植物。口感柔脆似木耳，《粤志》云“石耳”，在《灵苑方》中又名“灵芝”，其名易与担子菌纲多孔菌目多孔菌科的灵芝相混。

速成鹅醢

醢是先秦时期常见的一种用发酵法酿造的无骨肉酱，但明人宋诩在菜谱中介绍的这款鹅醢却是将熟鹅的头、尾、翅、足、筋和皮剁成烂泥，再拌入酱粉、胡椒、花椒和砂仁制成的酱。

鹅醢：取熟头、尾、翅、足、筋、肤斫绝细，和酱坋、胡椒、花椒、缩砂仁用。(《竹屿山房杂部》)

宋府油爆鹅

宋府的油爆鹅，实际上是炒回锅鹅，即用少量的底油，将经过腌制的熟鹅肉块加花椒和葱煸香。由此可知，这里的油爆即油煸，其追求的出品口味是干香。煸炒时用香油，是其用油上的亮点。

油爆鹅[①]：一、用熟肉，切脔[②]，以盐、酒烦揉[③]，加花椒、葱，投少香油中，爆干香。一、烦揉，以赤砂糖、盐、花椒，投油中爆之。(《竹屿山房杂部》)

【注释】

①油爆鹅：原题后注“二制”，即介绍两种做法。

②切脔：切成块。

③烦揉：反复搓揉。

韩氏杏花鹅

将净治后的鹅肉条用盐腌一下，放在荡锣内，浇上打散的鸭蛋液，蒸熟后再浇上杏仁浆，这就是元末明初名士韩奕《易牙遗意》中的杏花鹅。用杏仁浆浇动物性蒸食，是宋元流行的一种调味方式，这款杏花鹅应是从宋元传入明代的一款名菜。

杏花鹅：鹅一只，不剁碎，先以盐腌过，置荡锣内蒸熟。以鸭弹三五枚洒在内[①]。候熟，杏腻浇供[②]，名“杏花鹅”。（《易牙遗意》）

【注释】

①以鸭弹三五枚洒在内：将三五个鸭蛋液洒在荡锣内。洒，疑为“洒”字之误。

②杏腻浇供：浇上杏仁浆食用。

南味盐炒鹅

这款盐炒鹅调料只有盐、酒、蒜瓣、葱头和花椒，而配料则大多来自江南和东南沿海，应是宋家的祖传菜。

盐炒鹅：用[①]，剖为轩[②]，入锅炒，肉色改白，同少酒水烹熟，以盐、生蒜头、葱头、花椒调和。和物宜慈菰（芼熟，去衣顶入）、山药（芼熟，入）、水母[③]（涤去矾入）、明脯须[④]（先烹入）。（《竹屿山房杂部》）

【注释】

①用：此字后疑脱“鹅”之类的字。

②剖为轩：割开后切成块。

③水母：即海蜇。

④明脯须：墨鱼须干制品。

速成熟鹅鲊

宋诩在菜谱中介绍的这款熟鹅鲊，实际上是一款很有特色的什锦拌鹅丝。除了配料藕丝、竹笋丝和茭白丝以外，用于调味的百里香、莳萝和炒香的芝麻等，使这款冷菜风味独特。

熟鹅鲊：用熟肉，切为脍[①]，沃熟油[②]、地椒[③]、花椒、莳萝末[④]、藕丝、熟竹笋丝、生茭白丝、炒熟芝麻、盐、醋。(《竹屿山房杂部》)

【注释】

①切为脍：切成丝。

②沃熟油：放熟油。

③地椒：唇形科植物百里香的全草。

④莳萝：即土茴香。

宋府烧鸽

以鸽肉为主料的菜始见于唐，当时是以煮法制作的食疗菜款式行世。明人宋诩介绍的这份菜谱，记载了两种府宅鸽菜的制法。这两种鸽肉菜分别以炒法和锅烧法制成，其中以炒法制作的可称为“炒鸽肉块”，以锅烧法制作的则为“锅烧乳鸽”。

鸽之属（二制）：一、皆切为轩[①]，盐、酒浥片时[②]，投熬油中炒香[③]，同少水烹熟新蒜、胡荽、花椒、葱调和。宜鲜竹笋、山药[④]。一、用全体[⑤]，以盐微腌，水烹微熟，腹实花椒、葱[⑥]，沃酒烧熟[⑦]。取油或醋滴入锅中，发焦触之[⑧]，色黄味香为度。宜蒜醋[⑨]。(《竹屿山房杂部》)

【注释】

①皆切为轩：都切成块。

②浥：腌制。

③投熬油中炒香：放入烧热的底油中煸香。

④宜鲜竹笋、山药：(配料)宜用鲜竹笋、山药。

⑤用全体：用整只(鸽)。

⑥腹实花椒、葱：(鸽)腹内放入花椒、葱。

⑦沃酒烧熟：(往锅内)倒入酒(将鸽)烘熟。

⑧发焦触之：用手按一下(鸽皮)酥脆。

⑨宜蒜醋：(食用时)宜以蒜泥醋蘸食。

水产名菜

宋府酱烧鲤鱼

这款酱烧鲤鱼，用的是从宋元流传下来的锅烧法。因为整条鲤鱼下锅烧之前，要把酱等调料抹在鱼身上，鱼腹内则填入花椒、大葱，故名“酱烧鲤鱼”。后世的酱烧鲤鱼出锅时酱汁浓而不多，实是仿效明代锅烧法酱烧鲤鱼的出品特色。

酱烧鲤鱼：治不去鳞，涤洁，挼以熟油[①]、酱、缩砂仁、花椒，腹中实以花椒[②]、葱，锅内置新瓦砾藉鱼[③]，再以油浇落烧之。熟，掺以葱白屑起。宜蒜醋。(《竹屿山房杂部》)

【注释】

①挼以：搓上。

②实以：填入。

③锅内置新瓦砾藉鱼：锅内放新瓦片来垫鱼。

宋府清烧鲤鱼

这款清烧鲤鱼同宋府酱烧鲤鱼一样，用的也是从宋元流传下来的锅烧法。鲤鱼入锅烧之前，鱼腹内可填入猪肉泥或鲜乳饼或只是花椒和大葱，颇有魏晋南北朝时期酿馅儿鱼工艺的遗韵。特别是酿入出乎后人想象的乳饼，这在后世汉族菜中也是不多见的。

清烧鲤鱼：带鳞治涤，挼盐于身[①]，腹实猪肉醢料或鲜乳饼[②]，或惟以花椒、葱，架锅中烧。宜蒜醋。(《竹屿山房杂部》)

【注释】

①挼盐于身：用盐搓遍鱼身。

②腹实猪肉醢料或鲜乳饼：鱼腹内填入猪肉泥或鲜奶饼。

宋府辣烹鲼鱼

这里的鲼鱼应即鲤鱼。宋诩所说的辣烹，实际上是鲤鱼用水和甘草煮熟后，再加入胡椒等调料调味，其辣来自胡椒而不是后世常见的辣椒。辣椒原产南美洲热带地区，一般认为辣椒于明代前后传入我国，这款辣烹鲼鱼当是在辣椒未传入我国或传入后未入菜时的名菜。

辣烹鲼鱼：剖治，𢾂为牒[①]，冷水[②]，同甘草烹熟，以胡椒、花椒、葱、酱、醋调和。宜芼白菜台和之[③]。(《竹屿山房杂部》)

【注释】

①𢾂为牒：片成片。

②冷水：指鱼用冷水下锅。

③宜芼白菜台和之：宜用焯过的白菜心作配料。

宋府辣烹鲫鱼

这款辣烹鲫鱼也是用水先白煮鱼再放入胡椒等调料做成的明代府宅名菜。其制作工艺上的亮点，一是开水汆烫去鳞，二是鱼腹内酿入肥猪肉泥。宋诩说，当时烹制鲫鱼去鳞时大多仿此进行。

辣烹鲫鱼：用鱼治涤，先刷其鳞，囊括入水作汤[1]，数沸去鳞，腹实肥猪肉醢料[2]，同吹沙制[3]，烹鲫去鳞多仿此。(《竹屿山房杂部》)

【注释】

①囊括：指入汤烫时将鱼装布袋内。

②腹实肥猪肉醢料：鱼腹中填入肥猪肉馅儿。醢，这里作肉泥讲。

③同吹沙制：同吹沙的制法一样。吹沙，即小鲨鱼。

宋府炙鳝

这款菜实际上是烤泥鳅。这里的“炙”不是通常所言的叉烤或串烤，而是从宋元流传下来的爊法加锅烧法。

炙鳝[①]：六七月间得肥大者治洁，击解其骨[②]。先熬油，杂爊汁[③]，同醋烹熟。为铁条架油盘中，取汁渐沃[④]，炙透彻干香为度。宜蒜醋。(《竹屿山房杂部》)

【注释】

①炙鳝：即烤泥鳅。鳝，旧同“鳅”，鳅科鱼类的统称，常见的有泥鳅、花鳅、长薄鳅等。

②击解其骨：用刀剔去鳝的脊骨。

③杂爊汁：倒入用爊料煮成的汤。

④取汁渐沃：将鱼汤逐渐浇在鱼上。

万历时代鱼膏

这里的鱼膏是用鱼肚煮后凝冻做成的，食用时切片浇（蘸）姜汁醋。需要说明的是，这款菜的记载来自李时珍的《本草纲目》。《本草纲目》从1552年开始编写至1596年出版，其间历经明嘉靖、隆庆和万历三朝，李时珍在《本草纲目》中关于这款菜的记载所说的“今人”的“今”，似指万历时。这主要是因为《本草纲目》最终修改和定稿都是在万历朝，当然，“今”指嘉靖或隆庆时也未尝不可。

鱼膏[①]：今人以鳔煮冻作膏[②]，切片，以姜、醋食之，呼为“鱼

膏”者是也。(《本草纲目》)

【注释】

①鱼膏：即鱼肚冻。

②鳔：大黄鱼、毛常鱼等鱼腹中的长囊状器官，其干制品俗称鱼肚，以粤产广肚为著。涨发后可做多种美味佳肴。

宋府蒜烧鳝

这款菜可称为爆炒鳝丝，宋诩《竹屿山房杂部·养生部》中关于这款菜的文字，是目前所知最早的炒鳝丝菜谱。唐宋时虽有鳝鱼菜，但多为羹类。当时虽有炒鳝，但名存谱佚，因此这份菜谱弥足珍贵。

蒜烧鳝：用鳝入水，锅中杂以稻秆数茎炀火[①]，水热，令自走，退外肤[②]，别易水烹烂[③]。剺分为脍[④]，投热油内，少以白酒洗之，以盐、花椒、葱头、蒜囊调和[⑥]，或再取蒜泥醋浇。(《竹屿山房杂部》)

【注释】

①杂以稻秆数茎炀火：(锅下)放稻秆数根烧成旺火。

②退外肤：褪去外皮。

③别易水烹烂：另换水煮烂。

④剺(lí)分为脍：划开切成丝。剺，划开。

⑤蒜囊：蒜瓣。

南味酱沃鳗鲡

鳗鲡即白鳝，今人常先将鳝淡腌后晾至半干再红烧，这种制作工艺在明人宋诩之书中已有记载。该书中的“酱沃鳗鲡”实际上是酱烧鳗鲡，应是后世传统名菜红烧鳗、黄焖大鳝的原型。

酱沃鳗鲡：用必活者。先以灰泡去腥漦[①]，治去肠，界寸脔犹属之[②]，取胡椒、缩砂仁、酱、赤砂糖沃一时[③]。用冬瓜或茄子、藕、芋魁大切片[④]，布锅中，置鳗鲡于上，纸封锅盖，烧熟宜蒜醋。(《竹屿山房杂部》)

【注释】

①先以灰泡去腥漦（chí）：先用灰水洗去腥沫。漦，鱼身腥沫。

②界寸脔犹属之：切一寸见方的块就可以了。界，“切”或“划”的俗音字，今北京俗语仍有之。

③沃：腌制。

④芋魁：芋头。

宋府烹河豚

宋诩记下的这份烹河豚菜谱，是目前发现的传世文献中关于河豚菜肴制作工艺的最早记载。根据宋诩的介绍，当时烹制河豚去毒有三点：1. 净治时要去其眼、子和血。2. 烹时要用甘蔗、芦根解其毒。3. 食材组配时要忌墨荆芥。但是据李时珍《本草纲目》可知，自古即有荆芥反河豚和荆芥可解河豚毒两种截然相反的说法。

烹河豚：二月用[①]。河豚剖治，去眼、去子、去尾血等，务涤甚洁[②]，切为轩[③]。先入少水[④]，投鱼，烹。过熟[⑤]，次以甘蔗、芦根制其毒[⑥]，荔枝壳制其刺软[⑦]。续水，又同烹。过熟，胡椒、川椒、葱白、酱、醋调和。忌埃墨荆芥[⑧]。(《竹屿山房杂部》)

【注释】

①二月用：二月食用。按：我国自古有二月食河豚的习俗，明人刘若愚《酌中志》载：“二月……是时食河豚，饮芦芽汤以解其热。”

②务涤甚洁：务必要把它洗得很干净。

③切为轩：切成块。

④先入少水：先放入少许水。

⑤过熟：烧透。

⑥制其毒：解其毒。

⑦制其刺软：使它的刺变软。

⑧忌埃墨荆芥：忌同炒黑的荆芥放在一起。“埃”疑应为“挨”。

宋府虾腐

这是明人宋诩家的一款府宅工艺菜。将大虾头和虾肉分别捣剁成泥，再做成虾头腐和虾肉丸（饼），装盘时先放虾头腐，再将虾肉丸码在上面，浇上用鲜紫苏叶、甘草、胡椒和酱油调成的汁，这就是宋诩所说的虾腐。这款菜以鸡鸭蛋液作为虾头汁的凝冻剂，显然是继承了宋元凝腐工艺。

虾腐：脱大虾头，捣烂，水和，滤去滓，少入鸡鸭子调匀[①]，入锅烹熟。取冷水，泻下，俱浮于水面，捞，苴绢布中轻压去水[②]，即为腐也。其脱肉机上斫绝细醢[③]，和盐、花椒，浥酒为丸饼[④]，烹熟，置腐上，撷鲜紫苏叶、甘草、胡椒、酱油调和，原汁瀹之[⑤]。或姜汁醋浇之，或入羹。（《竹屿山房杂部》）

【注释】

①鸡鸭子：鸡鸭蛋。

②苴（jū）：此处作包、包裹讲。

③其脱肉机上斫绝细醢：脱去虾皮的肉放在案板上剁成极细的肉泥。机上，案板上。机，本作“几”，案板，砧板；醢，这里作肉泥讲。

④浥酒：淋上酒。

⑤原汁瀹之：将原汁浇上。瀹，这里作浇讲。

吴人金齑玉脍

这里的金齑玉脍与隋炀帝时期的明显不同，所用配料和调料回回豆子、一息泥和香杏腻均首见于元代宫廷菜中。这款菜的原料组配说明明代一些著名的地方特色菜仍留有元代美食文化的影响。

吴人制鲈鱼鲊、鲭子腊，风味甚美，所谓“金齑玉脍”也。炉鱼肉甚白，香杏花叶，紫绿相间，以回回豆子[①]、一息泥[②]、香杏腻坋之[③]，实珍品也。鲭子鱼腊亦然。回回豆子细如榛子，肉味甚美。一息泥如地椒，回回香料也。香杏腻一名八丹杏仁[④]，元人《饮膳正要》多用此料。(《升庵外集》)

【注释】

①回回豆子：即鹰嘴豆。

②一息泥：又作哈昔泥，即阿魏。

③香杏腻坋之：用香杏仁酱撒上腌制。

④八丹杏仁：又名八(巴)旦杏仁，是巴旦杏的仁，一说约在唐代从中亚、西亚传入中国。

宋府油炒蟹

这应是明人宋诩家的一款火功菜。将折后的蟹块投入热油中爆炒，并且只用盐、花椒和葱调味，烹调追求的显然是蟹味的本真。

油炒蟹：用蟹解开[①]，入熬油中炒熟[②]，盐、花椒、葱调和。（《竹屿山房杂部》）

【注释】

①解开：拆开。

②熬油：烧热的油。

宋府玛瑙蟹

将蟹煮熟拆开，取出蟹黄和蟹肉，用水调绿豆淀粉抓匀，同鲜乳饼蒸熟，然后切成块，浇上用煮蟹的原汤和姜汁、酒、醋、甘草、花椒、葱调成的汁，这就是明人宋诩家的玛瑙蟹。在制作工艺上，宋家的这款蟹菜同元人倪云林的蜜酿蝤蛑一样，都是以蒸为最终加热工艺，但所用凝块剂不同，因而蟹块的质感也应不一样。

玛瑙蟹[①]：一、用蟹烹，解脱其黄、肉。水调绿豆粉少许，烦揉[②]，以鲜乳饼同蒸熟，块界之[③]。以原汁、姜汁、酒、醋、甘草、花椒、葱调和，浇用。一、倪云林惟调鸡子蜜蒸之。一、用辣糊[④]。（《竹屿山房杂部》）

【注释】

①玛瑙蟹：原题后注“三制”，即三种做法。

②烦揉：指用水淀粉将蟹黄和蟹肉抓匀。

③块界之：切成块。今北京俗语中仍有“界界刀儿”之语。

④用辣糊：(不用水调绿豆粉)用辣糊(将蟹黄和蟹肉抓匀)。

宋府芙蓉蟹

这款菜是将蟹折开，放入筐中控尽腥水，再放入银砂汤锣内，加入白酒、醋、水、花椒、葱、姜和甘草蒸熟，这就是明人宋诩家的芙蓉蟹。这款菜的主料蟹块和蒸蟹时所用的食材，均与芙蓉类菜肴的颜色和形状等不搭界，因此这份菜谱疑有缺文，如蒸蟹时调入鸡蛋清之类的文字。

芙蓉蟹：用蟹解之[①]，筐中去秽，布银砂汤锣中，调白酒、醋、水、花椒、葱、姜、甘草蒸熟。(《竹屿山房杂部》)

【注释】

①用蟹解之：将蟹折开。

宋府烧蟹

明代以前，食蟹多为清蒸。宋诩介绍的这款烧蟹则比较少见，从菜谱中不难看出，宋家的烧蟹是以宋元盛行的锅烧法制成。为了去蟹腥，这款烧蟹下锅前是将酱和花椒等调料填入蟹腹，下锅时先往锅中淋入少许油，再将用酒和花椒、葱、酱调匀的料汁浇入锅内。出锅后食用时同蒸蟹一样，蘸姜醋汁或橙汁醋。

烧蟹[①]：当蟹口刀开为方穴[②]，从腹中探去秽[③]，满内酱[④]、花椒、葱，口向上布锅内，筐亲于锅炀者[⑤]。举火时以油从锅口浇落少许[⑥]，复以白酒薄调花椒、葱、酱渐浇于锅。俟熟[⑦]，不令有焦[⑧]。有内屑猪脂肪、葱白、花椒、盐，架锅蒸。俱宜姜醋、橙醋[⑨]。黄山谷诗云“忍堪支解见姜橙”。(《竹屿山房杂部》)

【注释】

①烧蟹：原题后注“蒸附”，即烧蟹之外又附蒸蟹法。

②当蟹口刀开为方穴：从蟹的胸口部用刀开一方口。

③从腹中探去秽：从刀口处去掉腹中的污物。

④内：同“纳”，这里作放入讲。

⑤筐亲于锅炀者：盛蟹的筐要离锅底近一些，以便烘烧。炀，这里作烘讲。

⑥举火时以油从锅口浇落少许：烧火时将少许油从锅口处浇入锅中。

⑦俟熟：等熟了的时候。

⑧不令有焦：烧好的蟹不能有糊的。

⑨俱宜姜醋、橙醋：都适宜蘸姜汁醋、橙汁醋食。

古法蒸黄甲

黄甲即梭子蟹，宋诩介绍的蒸法，从穿蟹的竹针到蒸后蘸食的姜汁醋，都是明代以前就有的，只不过宋诩的文字比前人稍详细些。

蒸黄甲[①]：取生者，裁竹针，从脐内贯入腹，架锅中，少水蒸熟。肉始嫩，刀解去须，抹去泥沙。宜姜醋。(《竹屿山房杂部》)

【注释】

①蒸黄甲：原书注："黄甲即蝤。"蝤，即"蝤蛑"，今称"梭子蟹"。《正字通·虫部》："蝤，青蝤也。螯似蟹，壳青，海滨谓之蝤蛑。"

宋府炰鳖

"炰鳖"始见于《诗经·小雅·六月》，这里的炰鳖，采用的则是从宋元流传下来的锅烧法。调料中的红糖，彰显这款菜的南味特色。

炰鳖(二制)：同前制[①]，去肤，宽用甘草、葱、酒、水烹熟，刳去肺肠[②]，内外烦揉以葱、川椒、胡根、缩砂仁坋、酱、熟油、赤砂糖锅中再熬香油，取新瓦砾藉其甲鱼之。频沃以酒，香味融液为度。有轩之[④]，浥盐、酒[⑤]，入油炰[⑥]。(《竹屿山房杂部》)

【注释】

①同前制：即同烹鳖的净治方法一样。

②刳去肺肠：掏去鳖的肺肠（等内脏）。

③坋：这里作末讲。

④有轩之：也有将鳖剁成块的。

⑤浥盐、酒：放盐、酒（将鳖块腌一下）。

⑥入油炰（páo）：放入热油中爆。

宋府烹鳖

将活鳖宰杀控出血，烫一下去掉薄膜，换水煮烂取出，去骨留肉，投入热油中煸透，倒入煮鳖的清汤，加入酱、红糖、胡椒、川椒、葱、胡荽，调好口味即成。或者是将鳖宰杀后剁成块，下入锅中用油煸后再加汤和调料烹熟，这就是宋诩家的烹鳖。与前代的烹鳖相比，宋家的烹鳖加入了胡椒、胡荽和红糖，使其出品具有鲜明的时代特色。

烹鳖：一、先取生鳖杀，出血。作沸汤，微焊[①]，涤退薄肤，易水烹糜烂[②]。解析其肉，投熬油中[③]，加原烹汁清者再烹，用酱、赤砂糖、胡椒、川椒、葱白、胡荽调和。一、先焊涤，生斫为轩[④]，同前再烹调和。和物宜潭笋[⑤]、熟栗、熟菱、绿豆粉片。（《竹屿山房杂部》）

【注释】

①微煤：稍微煮一下。

②易水烹糜烂：换水烹酥烂。

③熬油：热油。

④生斫为轩：生着剁成块。

⑤和物：配料。潭笋：冬笋。

古法清烹白蛤

这是明人宋诩家的一款府宅菜。从宋诩的介绍来看，这款菜的制法仍沿用魏晋南北朝以来的定式，做法和调料都较简单，虽无新意，但关于制作清烹白蛤具体操作的文字，非常生动周详，足资今人研判明代烹调时参考。

清烹白蛤[①]：先养释米水中一二日，令吐尽沙泥。作沸汤，调白酒、川椒、葱白，投下，旋动不停手[②]，方张口即取起。剥，肉鲜嫩而满。(《竹屿山房杂部》)

【注释】

①清烹白蛤：原题“清烹”。

②旋动不停手：用手不停地拨动汤中的白蛤。

宋府烹蚶

烹蚶在魏晋南北朝时已见记载，相比之下，宋诩所记的这款烹蚶最大的亮点是烹蚶时沸汤中要加入酱油和胡椒，这在调味方式上应与前代不同。

烹蚶：先作沸汤，入酱油、胡椒调和，涤蚶投下[①]，不停手调旋之，可拆遂起[②]，则肉鲜满。和宜潭笋[③]。(《竹屿山房杂部》)

【注释】

①涤蚶投下：将洗净的蚶肉投入开汤中。

②可拆遂起：蚶肉可以拆开吃时立即起锅。

③和宜潭笋：配料宜用冬笋。

古法淡菜

淡菜在魏晋南北朝时期就是汆烫后大多就汁食用。宋诩在菜谱中介绍的这款淡菜，调味汁以胡椒、酱油等调料制成，这是与前代最大的不同。

淡菜[①]：涤洁，作沸汤微焊[②]。剖其肉，除边锁及毛。调和胡椒、川椒、葱、酱油、醋为汁用之。干者宜入羹。(《竹屿山房杂部》)

《鲤鱼》 明·文俶 《金石昆虫草木状》

《蟹》 明・文俶 《金石昆虫草木状》

《蚌蛤》 明・文俶 《金石昆虫草木状》

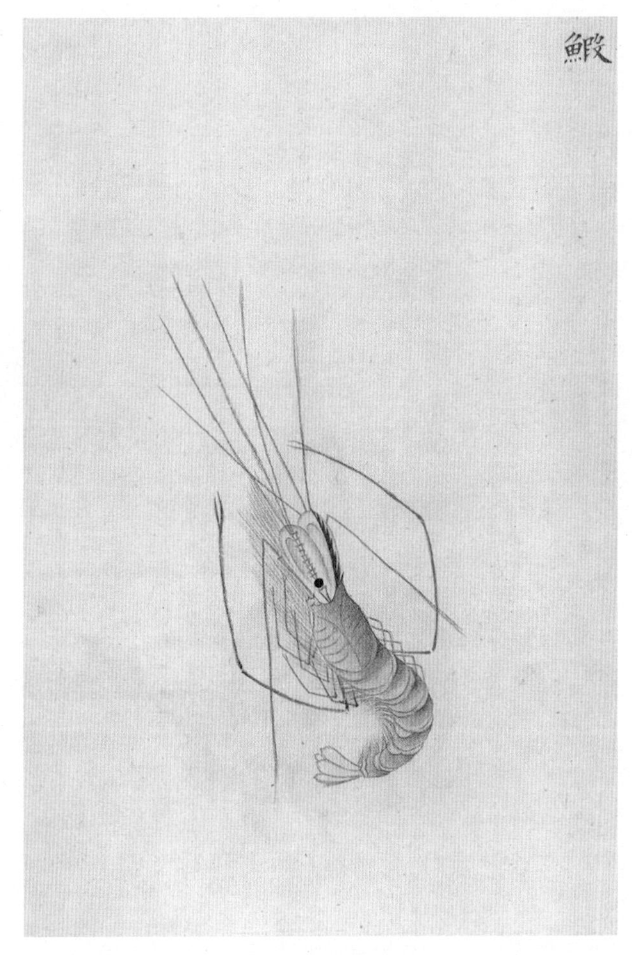

《虾》 明·文俶 《金石昆虫草木状》

【注释】

①淡菜：原题后注为“牛翰林曰：‘君子安知淡菜非雅物也’”。淡菜，贻贝科动物厚壳贻贝和其他贻贝类的贝肉，生活于浅海岩石间。

②微焯：稍焯一下。

宋府田鸡炙

田鸡即青蛙，魏晋南北朝时就是一味治儿童赤气肌疮、脐伤和止痛的中药。这款以田鸡为主料治馔的菜谱，应是传世文献中的最早记载。

田鸡炙：治涤俱洁，将酱、赤砂糖、胡椒、川椒、缩砂仁坋沃之[1]，少顷，入熬油中烹熟，置炼火上纸藉炙燥。（《竹屿山房杂部》）

【注释】

①沃之：腌制。

宋府油炒虾

先用热油将虾煸熟，再加入酱、醋、葱或只用盐来调好口味，这就是宋诩家的油炒虾。这款菜的调料投放说明当时的油炒虾先要煸去腥味，然后才能放调料，追求的是虾本身的鲜美滋味。

油炒虾（二制）：一、先入熬油中炒熟[1]，酱、醋、葱调和[2]。一、惟以盐。（《竹屿山房杂部》）

【注释】

①熬油：热油。

②调和：调好口味。

浙南蒸鲎

鲎，又称东方鲎、马蹄蟹，俗称丑八怪等，为产于今浙江以南近岸浅海中的一种节肢动物。体分头胸、腹及尾三部。头胸甲半月形，腹甲略呈六角形，尾呈剑状。鲎的肝、生殖腺及多肉的附肢，蒸、煮或炒味如蟹肉，但因其血中含铜0.28%，故多食易致铜中毒。初加工时如弄破其肠，将臭不可食。根据宋诩的介绍，依据这份菜谱制作的这款菜可称作原壳蒸鲎，是目前发现的传世文献中最早的制作鲎的菜谱。

蒸鲎[1]：用刀当其背刳之[2]，取足内向者去其肠，甚臭恶[3]，不可伤动。切为轩[4]，以胡椒、川椒、葱、酱、酒浥[5]，藉以原壳入甑蒸[6]。其水别入锅烹如腐[7]，宜浇以胡椒醋[8]。（《竹屿山房杂部》）

【注释】

①蒸鲎（hòu）：题后注："小者为鬼鲎，宜用大者。"明人李时珍《本草纲目》"鲎鱼"："小者名鬼鲎，食之害人口。"

②用刀当其背刳之：用刀从鲎的背上剖开。刳，剖开后挖空。

③甚臭恶：指鲎肠。

④切为轩：切成块。

⑤浥：此处作腌制讲。

⑥藉以原壳入甑蒸：将鲎块放入鲎壳中入甑蒸。

⑦其水别入锅烹如腐：壳内的水可另入锅中煮成豆腐状。

⑧宜浇以胡椒醋：食用时宜浇上胡椒醋。

宋府青鱼两制

鲊是明代以前青鱼的常见菜式。宋诩推崇的青鱼的两种制法却都与鲊无关，一种是将鱼改刀用调料腌制后清蒸，蒸后去骨将鱼肉包好再压成鱼糕，完全是冷菜的款式；另一种则是将鱼用调料腌制后采用宋元传下来的锅烧法制成。这两种款式的青鱼菜都具有明代府宅菜的特点，但在后世却很少见。

蒸（二制）：一、用全鱼[①]，刀寸界之[②]，内外浥酱、缩砂仁、胡椒、花椒、葱皆遍，甑蒸熟。宜去骨存肉，苴压为糕。一、用酱、胡椒、花椒、缩砂仁、葱沃全鱼，以新瓦砾藉锅，置鱼于上，

浇以油，常注以酒，俟熟。俱宜蒜醋。(《竹屿山房杂部》)

【注释】

①用全鱼：用整条的鱼。

②界：今作“削”。

宋府水陆珍

这是宋诩十分欣赏的一款泥子活菜。所用的泥子料将梭子蟹、大银鱼、鸡胸肉、田鸡、虾都剁成泥，包含了水陆两大类珍美食材，故名“水陆珍”。

水陆珍：黄甲蒸取肉[①]，大银鱼，鸡胸肉，田鸡腿肉，白虾肉，斫细醢[②]，鸡鸭子白[③]、花椒坋[④]、盐和一处，浥白酒，为丸饼，蒸熟入羹。(《竹屿山房杂部》)

【注释】

①黄甲：梭子蟹。

②斫细醢：剁成泥。

③鸡鸭子白：鸡鸭蛋清。

④花椒坋：即花椒粉。

素类名菜

臞仙烧茄子

臞仙是明太祖朱元璋第十七子朱权（1378—1448）的自号，其别号涵虚子。朱权曾被封宁王，晚年藏书中有不少秘本，这款烧茄子菜谱，当是他从所藏宋元生活类秘本中辑出，是目前发现的最早的烧茄子菜谱。这份菜谱曾被明人戴羲所作《养余月令》和清人丁宜曾所作的《农圃便览》等多部书收录。

烧茄[1]：干锅内烧香油三两，茄儿去蒂十个摆锅内，以盆盖定，发火烧。候软如泥，擂入盐、酱料物，麻香泥拌和食之。以蒜酪拌尤佳。(《新刻臞仙神隐四卷》)

【注释】

①烧茄：这种烧茄法至20世纪50年代仍流传在“老北京”的家庭中。与饭庄酒楼过油的烧茄子相比，这种烧茄子具有省油以及能尝出茄子自然味的特点。

韩奕炸面筋

这道菜将蒸熟的面筋切成大片，用调料和酒煮透，取出晾干后再用油炸香。

煎麸：上笼麸坯[①]，不用石压，蒸熟。切作大片，料物[②]、酒浆煮透。晾干，油锅内煎浮用之。(《易牙遗意》)

【注释】

①上笼麸坯：将面筋坯上笼。

②料物：调料。

韩奕麸鲊

鲊，本是古代用发酵法酿制的鱼或肉类冷菜，韩奕的这款“麸鲊”，却是用红曲末将面筋条染红，再拌上笋丝、萝卜丝、葱丝，撒上芝麻及各种调料，最后浇上香油制成，应是下酒的素菜。

麸鲊[①]：扶切作细条，一斤，红曲末染过，杂料物一斤[②]，笋干、萝卜、葱白皆切丝，熟芝麻、花椒二钱，砂仁、许萝、茴香各半钱，盐少许，熟香油三两，拌匀，供之。(《易牙遗意》)

【注释】

①麸鲊：实为拌面筋条。

②杂料物一斤：放入调料一斤。按：“斤”疑为“两”字之误。

戴典簿藕梢鲜

这款菜品是将鲜藕梢切寸块，焯后用盐腌，控尽水，然后加葱油和姜丝、橘丝、莳萝、茴香、粳米饭、红曲末拌匀，放在鲜荷叶上包起来，第二天即可食用。从制作工艺和出品款式看，这是款荷叶香气的腌藕尖。

簿藕稍鲜[①]：用生者[②]，寸截，沸汤焯过，盐腌，去水，葱油少许、姜、橘丝、莳萝、茴香、粳米饭、红曲研细拌匀，荷叶包，隔宿食。(《养余月令》)

【注释】

①藕稍：今作藕梢。

②用生者：用刚采的。

周定王拌后庭花苗

周定王即明太祖朱元璋五子朱橚，清拌后庭花苗是其于永乐四年（1406）编就的《救荒本草》中的一款野蔬名菜。

清拌后庭花[①]：后庭花，一名“雁来红”，人家园圃多种之。叶似人苋叶，其叶中心红色，又有黄色相间。亦有通身红色者，亦有紫色者，茎叶间结实，比克实差大。其叶众叶攒聚，状如花朵，其色娇红可爱，故以名之。微涩，性凉。救饥：采苗叶炸熟[2]，水浸淘净，油、盐调食。晒干炸食尤佳。(《救荒本草》)

【注释】

①清拌后庭花：原题“后庭花”。

②炸：这里作焯讲。

戴典簿香炸玉兰花

戴典簿即戴羲，因其在明崇祯朝曾任与宫廷饮食有关的光禄寺典簿，故世称戴典簿。香炸玉兰花是一款花卉菜，以玉兰花瓣挂面糊用香油炸成。

玉兰花开日，以花瓣洗净，拖面[1]，真麻油煎食之，最为香美。(《养余月令》)

【注释】

①拖面：即挂面糊。

王西楼拌斜蒿

王西楼即明代散曲家王磐（约1470—1530）。斜蒿是产于王西楼家乡今江苏高邮一带的一种野菜，每年三四月为采食季节。拌斜蒿是当地的一款野蔬名菜。

拌斜蒿[1]：大者，摘嫩头于汤中略过，晒干。再用汤泡，油、盐拌食。白食亦可。(《野菜谱》)

【注释】

①斜蒿：江淮地区的一种野菜，三四月生。

眉公松豆

眉公即明代著名文人陈继儒，因其号眉公，故世称陈眉公。松豆据说是按其所授的方法做成的一款下酒菜。这款菜的用料和制法在清初被朱彝尊收录，朱氏在“松豆”题后特别注明系“陈眉公方”，这在古代菜谱中是很难得的。

松豆[1]：大白圆豆[2]，五日起，至七夕止，日晒夜露（雨则收过）。毕[3]，用太湖沙或海沙入锅炒（先入沙，炒热，次入豆）。香油熬之[4]，用筛筛去沙。豆松无比，大如龙眼核。或加油盐，或砂仁酱，或糖卤拌俱可[5]。(《食宪鸿秘》)

【注释】

①松豆：原题后注为“陈眉公方”。

②大白圆豆：似为豆科植物饭豇豆的种实。《本草求真》载：“白豆，即饭豆中小豆之白者也。气味甘平无毒。”

③毕：指日晒夜露结束。

④香油熬之：用香油将豆炸松。

⑤糖卤：即白糖浆。

零食甜品

花色品种繁多的面食、糕点、糖果、蜜饯同样是我国饮食文化遗产的重要部分。我国古代制作甜点的工艺精湛，甜品种类繁多，宋诩、宋公望父子在《竹屿山房杂部》中记录了多种糕饼的做法，如酥蜜饼，用料丰富。除糕饼类外，还有“水磨丸”，与现在元宵节吃的汤圆做法基本一样。高濂在《遵生八笺》中专列甜食一类，列举了几十种明代所食甜品。

蜜酥饼（三制）[①]：一用绵纸藉甑低蒸面熟，和以蜜酥为皮缄，退皮胡桃仁，熟栗肉去皮，枣肉细切，同蜜为馅，置鏊盘上烘[②]。一用熟香油酥、白砂糖、熟蜜各四两，酵面四两，白面二斤，坋缩砂仁、施椒各五钱，和范为饼，入鏊盘慢火烘。一用油熬熟，先入蜜或赤砂糖调，又入面，慢火调韧，加松仁干，厚饼切用即食。（《竹屿山房杂部》）

水磨丸：取精御糯米，湛洁之水，渍之，同水磨细，以绢囊取其渣滓，复以囊括其绝细糁，沥微干，缄为丸。馅用白砂糖、去皮胡桃、榛松仁或蜜糖、豆沙，投沸汤中熟。(《竹屿山房杂部》)

神仙富贵饼：用白术一斤，菖蒲一斤，米泔水浸，刮去黑皮，切作片子。加石灰一小块，同煮去苦水，曝干。加山药四斤，共为末和面，对配作饼蒸食。或加白糖同和，擀作薄饼，蒸焊皆可。自有物外清香富贵。(《遵生八笺》)

糖薄脆法：白糖一斤四两，清油一斤四两，水二碗，白面五斤，加酥油、椒盐水少许，搜和成剂，擀薄如酒钟口大，上用去皮芝麻撒匀，入炉烧熟，食之香脆。(《遵生八笺》)

梅苏丸方：乌梅肉二两，干葛六钱，檀香一钱，紫苏叶三钱，炒盐一钱，白糖一斤。右为末，将乌梅肉研如泥，和料作小丸子用。(《遵生八笺》)

【注释】

①三制：三种方法。

②鏊盘：烙饼的器具。

蜜饯是以果蔬等为主要原料，经糖或蜂蜜或食盐腌制（或不腌制）等工艺制成的制品，包括蜜饯类、凉果类、果脯类。蜜饯也称果脯，古称蜜煎。中国民间糖蜜制水果食品。流传于各地，历史悠久。以桃、杏、李、枣或冬瓜、生姜等果蔬为原料，用糖或蜂蜜腌制后而加工制成的食品。除了作为小吃或零食直接食用外，蜜饯也可以用来放于蛋糕、饼干等点心上作为点缀。明代糖制品种类同样丰富多彩，把白砂糖熬化后，放入果物和匀，离火等其稍凝切成小片或小块，再烤干就行了，核桃仁、榛仁、松仁、瓜子仁、乌榄核仁、人面果仁、杨梅核仁、莲心、杏核仁、梧桐子、榧、橙、香株皮、芝麻、大豆、萦苏、白豆效仁、细茶叶、薄荷叶、生姜、桂花等皆宜入糖。

糖缠：凡白砂糖一斤，入铜铁铫中，加水少许置炼火上镕化，投以果物和匀，速宜离火，俟其糖性少凝则每颗碎析之，纸间火焙干。

宜入糖物：胡桃仁（去皮）、榛仁（去皮）、松仁（去皮）、瓜子仁（微炒）、瓠子仁（微炒）、乌榄核仁[①]（去皮）、人面果仁[②]、杨梅核仁、莲心[③]（微炒）、杏核仁（水煮一过去苦，皮尖焙燥）、梧桐子（去壳）、栗（熟末）、莲药[④]（末）、榧[⑤]（末）、橙（利刀削橙外薄皮，暴燥）、香橼皮[⑥]（去白方，切煮，渍去苦，暴燥）、芝麻（炒）、大豆（炒末）、紫苏（生撷穗，造霜梅水中渍透，蒸罂收用子）、白豆蔻仁（末）、缩砂仁（末）、草果仁（末）、细茶叶（末）、薄荷叶（末）、生姜（粉）、桂花（末）。

蜜煎制：杨梅：择肥甘者，盐少许腌一宿，复以水洗，晴天日微曬⑦，水尽浇蜜，暴之，有水泻去，复加蜜，暴至甜透入瓮，又用蜜渍，蜜须先炼熟者，后多仿此。（《竹屿山房杂部》）

【注释】

①乌榄核：中药名，为橄榄科橄榄属植物乌榄的果核。具有止血之功效，主治外伤出血。植物乌榄，分布于我国广东、广西、海南、云南。

②人面果：人面果是亚热带木质常绿藤本植物，别名“冷饭团”，又名“银莲果”。人面果是一种食药两用佳果，其果实食用，味美香甜。从根到叶均可入药，具有清热解毒、祛风活络、调气止痛、清肝明目、益肾固精、补血养颜等功能。

③莲心：即莲子心，中药名，为睡莲科多年生水生草本植物莲成熟种子中的幼叶及胚根。秋季采收莲子时，将莲子剥开，取出绿色胚，晒干。具有清心火，平肝火，止血，固精之功效。

④莲菂：亦作“莲的”。莲实。

⑤榧（fěi）：也叫香榧。常绿乔木。果实叫榧子，可供食用和药用。

⑥香橼：又名枸橼或枸橼子，属不规则分枝的灌木或小

乔木。

⑦斸（zhú）：同“烛”，照。

美酒佳酿　精茗蕴香

酒与茶都是中国人心仪的饮品。在酒精和茶香的刺激下，人们享受着饮食带来的人生快乐。

酒，从古至今都在百姓生活中扮演着重要角色，不论是皇帝宴饮还是各种时令节日均少不了“酒品”的参与，通过这部分内容我们可以对明代盛行的各种酒品及其养生功用进行深入了解。

盛行酒品

长春酒：（贾似道曰[①]：“除湿，实脾，去痰，饮行滞气[②]，滋血脉，壮筋骨，宽中快膈[③]，进饮食。”）当归、川芎、半夏（汤泡七次）、青皮（去囊）、木瓜（去穰）、白芍药、黄芪（蜜炙[④]）、五味子（碾）、肉桂（去皮）、甘草（炙）、熟地黄、白茯苓（去皮）、薏苡仁（炙）、白豆蔻仁（碾）、槟榔、白术、苍术（姜制[⑤]）、人参、橘红、厚朴（姜汁炒）、沈香、木香、南香、藿香（去土）、丁香、神曲（炒）、麦蘖（炒，碾，去糠）、枇杷叶（去毛，炙）、草果仁、桑白皮（蜜炙）、杜仲（炒、去丝）、石斛（去根），右件各锉碎，每以药三钱为绢囊盛之，浸于一斗酒内，春七日，夏三日，秋五日，冬十月用。今有五香药烧酒[6]，药品不及此药之妙。

杏仁烧酒：（去百病，除咳嗽，补虚明目，除膈气[7]，添颜色，增寿，活血，去诸风。）杏仁（去皮尖煮五水过一斤）、艾（三两）、芝麻（去皮炒熟为末一斤）、荆芥穗[8]（一两）、核桃仁（汤退去皮一斤）、薄荷叶（三两）、小茴香（三两）、苍术（米泔浸一宿，洗去黑皮一两）、白茯苓（去皮三两）、铜钱（五文别入），右件为细末，炼蜜和一处，投大瓷瓮中，注烧酒三十斤同煮一时。待药已散，用纸封口瘗土中七日[9]，取出。

万年酒：（《本草》云：主补中，安五脏，养精神，除百病，久服，肥健轻身不老。）冬至前摘万年枝子置酒内[10]，连瓮煮，味透，或捣汁酿酒，或煎汁酿酒，或杵屑酿于酒。

胡桃烧酒：（暖腰膝，治沈寒痼冷，补损益虚。）烧酒（四十斤）、胡桃仁（汤去皮一百枚）、红枣子（二百枚）、炼熟蜜（四斤）。右三件入酒瘗土中七日，去火毒。（《竹屿山房杂部》）

【注释】

①贾似道：字师宪，号悦生，台州天台县（今浙江天台屯桥松溪）人，南宋晚期权相。

②滞气：中医病症名，即郁气，指气机淤滞不畅，意为人体某一部分或某一脏腑经络的气机阻滞，运行不畅。

③宽中快膈：疏利气机，使胸膈及中脘有宽广畅快之感。

④蜜炙：炙法之一，又称蜜制，系以蜂蜜为辅料的炙法。

⑤姜制：是指将药材或生片加入定量姜汁（或姜汤）混合，经闷润，使姜汁渗入药材组织内部，再经炒制、煮制等处理的一种炮制方法。

⑥五香药烧酒：一种药酒，有养生延年的功效。由檀香、木香、乳香、川芎、没药、丁香、人参等药材制成。

⑦膈气：中医称之为呃逆，是胃气上逆所致。

⑧荆芥穗：中药名。为唇形科植物荆芥的干燥花穗。夏、秋二季花开到顶、穗绿时采摘，除去杂质，晒干。味微涩而辛凉，解表散风，透疹，消疮。

⑨瘗（yì）：掩埋，埋葬。

⑩枝子：也称为栀子，中药名，主治热病心烦、肝火目赤、头痛、湿热黄疸、淋症、血痢尿血、口舌生疮、疮疡肿毒、扭伤肿痛。

碧琳腴[①]：碧琳腴，酒名。见曾吉甫诗[②]。可对江瑶柱[③]。“江瑶柱”，蛎黄也[④]。

天门酒：《外台秘要》[⑤]：“天门冬酿酒[⑥]，初熟微酸，久停则香，诸酒不及。”蔡侍郎衡仲尝试酿之[⑦]，果成美酝[⑧]。

八桂：八桂酒[⑨]，有“瑞露石湖”[⑩]，酿于成都，用其法，名“万里春”。今其法尚存。

曲[⑪]：曲，酒母也。《释名》[⑫]：“曲，朽也，郁郁使衣生。”朽，败也，丘上声，今燕、赵之音正叶。（《升庵外集》）

【注释】

①碧琳腴：酒名。

②曾吉甫：即曾几，字者甫，南宋诗人，号茶山居士，赣州（今江西赣州）人。因主张抗金，为秦桧排斥。陆游曾从他学诗。

③江瑶柱：本意是江上美玉般石柱，但在此为蛎黄的美称。瑶，美玉。

④蛎黄：牡蛎肉。

⑤《外台秘要》：唐人王焘编著，辑录唐代以前医家对各种疾病的理论和方药。

⑥天门冬：亦称“天冬草”。百合科肉质块根，含淀粉，可酿酒，也可入药。简称“天冬”。我国华东、华南、西南等地都有野生。

⑦蔡侍郎衡仲：人名。侍郎为其官职，相当于尚书的副职。

⑧酝：酒。

⑨八桂酒：桂花盛开于八月，用其汁酿酒，故名八桂酒。

⑩瑞露石湖：瑞露，指清澈洁净的蒸馏水。石湖，地名，在江苏吴县和吴江县之间，南宋范成大故乡，宋孝宗曾给其所筑台榭题“石湖”二字，故范成大号石湖居士。范成大曾任四川制置使，将酿制八桂酒的方法带入成都，取名“万里春”，亦名“瑞露石湖”。

⑪曲：含发酵的活微生物，是酿酒的必备材料。

⑫《释名》：训诂书，东汉刘熙撰。专用音训，以音同、音近的字解释字义，并以此推究事物命名的由来。

香雪酒，香雪酒为绍兴传统名酒，由于加用糟烧而味特香浓，采用白色酒药而酒糟洁白如雪，故称香雪酒。香雪酒从前只用于盖在刚灌坛的元红酒上，以增加香气和风味，故又称“盖面”。为绍兴酒高档品种之一。

香雪酒[①]：用糯米一石，先取九斗，淘淋极清，无浑脚为度，以桶量米准作数，米与水对充，水宜多一斗，以补米脚，浸于缸内。后用一斗米，如前淘淋，炊饭埋米上，草盖覆缸口。二十余日，候浮，先沥饭壳，次沥起来，控干，炊饭，乘熟用原浸米水，澄去水脚，白曲作小块二十斤拌匀，米壳蒸熟放缸底。如天气热，略出火气，打拌匀，后盖缸口，一周时打头耙打后不用盖[②]，半周时打第二耙。如天气热，须再打出热气，三耙打绝，仍盖缸口，候熟。如用常法，大抵米要精白，淘淋要清净，耙要打得热气透，则不致败耳。(《遵生八笺》)

【注释】

①香雪酒：绍兴酒之一。

②一周时：即一昼夜。耙(pá)：酿造用耙梳工具，有齿。

葡萄酒：法用葡萄子取汁一斗，用曲四两，搅匀入瓮中，封口自然成酒，更有异香。

又一法：用蜜三斤。水一斗，同煎，入瓶内候温，入曲末二两，白酵二两，湿纸封口放净处。春秋五日，夏三日，冬七日，自然成酒，且佳。行功导引之时饮一二杯，百脉流畅，气运无滞[①]，助道所当不废。(《遵生八笺》)

【注释】

①滞：停滞，不通畅。

菖蒲酒[①]：取九节菖蒲，生捣绞汁五斗，糯米五斗炊饭，细曲五斤相拌令匀，入瓷坛密盖二十一日，即开温服，日三服之，通血脉，滋荣胃，治风痹[②]，骨立痿黄，医不能治，服一剂，百日后颜色光彩，足力倍常，耳目聪明，发白变黑，齿落更生，夜有光明，延年益寿，功不尽述。(《遵生八笺》)

【注释】

①菖蒲酒：产于山西省垣曲县的传统保健名酒，是一种配制酒，色橙黄微翠绿，清亮透明，气味芳香，酒香醸厚，药香协调，而不失中草药之天然特色，入口甜香，甜而不腻，略带药味，使人不厌，醸和爽口，辣不呛喉，饮后令人神清气爽。酒度为 45 度，糖度为 12 度。远在汉代已名噪酒坛，为历代帝王将相所喜用，并被列为历代御膳香醪。菖蒲酒十分珍贵的原因主要在于它采用了当地特产九节菖蒲这种名贵中药材，并且

菖蒲酒的选料之精和酿造工艺之细，非同寻常。一个熟练工人一天只能精选三至五斤九节菖蒲。菖蒲酒具有一定的保健作用，但并非仙药。菖蒲生于沼泽地、溪流或水田边。

②风痹：中医学指因风寒湿侵袭而引起的肢节疼痛或麻木的病症。

羊羔酒[①]：糯米一石如常法浸浆[②]。肥羊肉七斤，曲十四两，杏红一斤煮去苦水。又同羊肉多汤煮烂，留汁七斗，拌前米饭，加木香一两同酝，不得犯水，十日可吃，味极甘滑。(《遵生八笺》)

【注释】

①羊羔酒：中华传统名酒，起源于汉魏，兴盛于唐宋，元时畅销海外，羊羔酒“色泽白莹，入口绵甘”，即如羊羔之味甘色美，故名之。

②石(dàn)：十斗曰一石。

天门冬酒：醇酒一斗，用六月六日曲米一升，好糯米五升，作饮。天门冬煎五升[①]，米须淘讫晒干，取天门冬汁浸，先将酒浸曲如常法，候熟，炊饭，适寒温用煎汁和饭，令相入投之。春夏七日，勤看勿令热。秋冬十日熟。东坡诗云“天门冬熟新年喜，曲米春香并舍闻”是也[②]。

五加皮三骰酒[③]：法用五加根茎、牛膝[④]、丹参、枸杞根、金银花、松节、枳壳枝叶[⑤]，各用一大斗，以水三大石于大釜中煮，取六大斗，去滓澄清水准。凡水数浸曲，即用米五大斗炊饭。取生地黄一斗，捣如泥，拌下，二次用米五斗炊饭。取牛蒡子根细切二斗，捣如泥，拌饭下。三次用米二斗炊饭，大草麻子一斗熬捣令细，拌饭下之，候稍冷热，一依常法，酒味好，即去糟饮之；酒冷不发，加以曲末投之。味苦薄，再炊米二斗投之。若饭干不发，取诸药物煎汁，热投。候熟去糟。时常饮之多少，常令有酒气。男女可服，亦无所忌。服之去风劳冷气，身中积滞宿疾，令人肥健，行如奔马，功妙更多。

白术酒：白术二十五斤，切片，以東流水二石五斗浸中二十日，去滓倾汁大盆中，夜露天井中，五夜，汁变成血，取以浸曲，作酒取清服，除病延年，变发坚齿，面有光泽，久服长年。(《遵生八笺》)

【注释】

①天门冬：别名三百棒、武竹、丝冬、老虎尾巴根、天冬草、明天冬。为百合科天门冬属多年生草本植物。多生长于山野林缘阴湿地、丘陵地灌木丛中或山坡草丛。

②东坡：即苏轼。

③五加：是五加科五加属植物，五加根皮供药用，中药称“五加皮”，作祛风化湿药；又作强壮药，据称能强筋骨。

④牛膝：别名牛磕膝，苋科牛膝属多年生草本，根入药，生用，活血通经。

⑤枳壳：又名枳壳，主要用黄皮酸橙的果制成。枳壳常药

用，有理气宽中、行滞消胀的功效，常用于胸胁气滞，胀满疼痛，食积不化，痰饮内停。

饮酒有节

古人讲究“饮食有度，饮酒有节”。适度饮酒有利于身体健康，但一旦过量则会为身体带来不必要的负担。陆容《菽园杂记》中强调古人饮酒有节制，一般不饮用到天黑，所谓“长夜之饮”，正人君子都不为之。陆容举李宾之之例说明饮酒需要有节度，主张主人的盛情应当尽到，但同时要体谅童仆之人伺候的困难和家中父母悬念的急切心情。

古人饮酒有节[①]，多不至夜，所谓“厌厌夜饮，不醉无归[②]”，乃天子宴诸侯，以示慈惠耳，非常宴然也。故长夜之饮，君子非之。京师惟六部、十三道等官饮酒多至夜[③]，盖散衙时才得赴席，势不容不夜饮也。若翰林、六科及诸闲散之职[④]，皆是昼饮。吾乡会饮，往往至昏暮才散，此风亦近年后生辈起之。殊不思主人之情，固所当尽；童仆伺候之难，父母悬念之切，亦不可不体也[⑤]。李宾之学士饮酒不多[⑥]，然遇酒边联句或对奕[⑦]，则乐而忘倦。尝中夜饮酒归，其尊翁犹未寝，候之。宾之愧悔，自是赴席誓不见烛[⑧]。将日晡[⑨]，必先告归。此为人子者所当则

效也[10]。(《菽园杂记》)

【注释】

①节：节制。

②厌厌夜饮，不醉无归：语出《诗经·小雅·湛露》。厌厌，安逸之意。厌，有饱之意。

③六部、十三道：隋唐时代起，中央行政机构分吏、户、礼、兵、刑、工六个部，总称六部。明督察院派往全国十三道的监察御史，总称十三道（分别是浙江、江西、河南、山东、福建、广东、广西、四川、贵州、陕西、湖广、山西、云南）。

④翰林：指翰林属员，如学士、侍讲、侍读、修撰、检讨等。六科：明清官制有六科给事中，即吏、户、礼、兵、刑、工，谓之六科，给事中主抄发章疏，稽查违误，权力很大。

⑤体：体察，体谅。

⑥李宾之：人名。学士：官名。各代所司之责不尽相同，明清两代的殿、阁学士，实际上掌治宰相职权。一般主管典礼、编纂、撰述等事务者，通称学士。

⑦对奕：奕，应作“弈”，音同，古称棋为弈，对弈即下棋。

⑧誓不见烛：发誓不见点烛。烛，即掌灯之意。

⑨晡：申时，下午三点至五点。

⑩则效：效法的榜样。则，规范，榜样。

明人饮酒令

《觞政》，明人袁宏道编纂。袁宏道，字中郎、无学，号石公，又号荷叶山樵，湖广公安（今湖北公安）人。“觞政”即饮酒时用的酒令。作者作此书的目的在于使喜酒者遵守酒法、酒礼，用现在的话来讲就是要做到文明饮酒。但《觞政》一书与一般的酒令不同，袁宏道提出“趣高而不饮酒”“不能酒，最爱人饮酒”，故此书乃趣高之作，非酗酒之作。全书仅一卷，分十六则：“一之吏”“二之徒”“三之容”“四之宜”“五之遇”“六之候”“七之战”“八之祭”“九之典刑”“十之掌故”“十一之刑书”“十二之品第”“十三之杯杓”“十四之饮储”“十五之饮饰”“十六之欢具”。卷末，另附酒评一则。此书虽无关烹饪技术，但其中提到了一些有关饮食习俗的内容，可作为研究我国古代饮食习俗史的参考资料。例如，在第一则“吏”中，提出饮酒时的规则，先推选一人做令主，主持斟饮事项。令主的积极性决定了酒席的热烈与否；再推一人为副手，专门负责对违犯酒令人的纠察。令主和副手都需要由有饮酒之材的人充当。饮材须具备三个条件，就是精通酒令、通晓音律和酒量大。例如，在第十二则“品第”中，把酒划分了品第，并与人进行类比，很有意思。又如，第十四则“饮储”中，作者对下酒菜进行分类，“清品”“异品”“腻品”“果品”“蔬品”一应俱全，荤素搭配，清淡适宜，从中可以看出古人的饮食情趣和对“清”“雅”之美的追求。

吏：凡饮以一人为明府，主斟酌之宜。酒懦为旷官，谓冷也；酒猛为苛政，谓热也。以一人为录事，以纠座人，须择有饮材者。材有三，谓善令、知音、大户也。

品第：凡酒以色清味冽为圣，色如金而醇苦为贤，色黑味酸醨者为愚[①]。以糯酿醉人者为君子[②]，以腊酿醉者为中人[③]，以巷醪烧酒醉人者为小人[④]。

饮储：下酒物色，谓之饮储。一清品，如鲜蛤、糟蚶、酒蟹之类。二异品，如熊白[⑤]、西施乳之类[⑥]。三腻品，如羔羊、子鹅炙之类。四果品，如松子、杏仁之类。五蔬品，如鲜笋、早韭之类[⑦]。(《觞政》)

【注释】

①酸醨（lí）：味酸而薄的酒。

②糯酿：用糯米酿的酒。

③腊酿：腊月酿的酒。

④巷醪（láo）烧酒：里巷买来的烧酒。醪，汁滓混合的酒，即浊酒。

⑤熊白：指熊背上的脂肪，色白，故名，为珍贵美味。

⑥西施乳：是一道由河豚肋等食材制作而成的菜品，属于鲁菜。

⑦早韭：指初春的韭菜。有成语“早韭晚菘”，意思指初春的韭菜和秋末的菘菜，泛指应时应季的蔬菜。

饮酒禁忌

古代中国人饮酒，有许多忌讳，这些忌讳即使以现代的眼光来看，也具有很多科学的道理，值得借鉴。如宋人陶谷在所撰《清异录》中说：“酒不可杂饮，饮之，虽喜酒者亦醉，乃饮家所深忌。”陆容在《菽园杂记》卷十一中特别强调了酒不宜冷饮，冷酒会瘀滞胃气，而热酒伤肺，所以正确的饮酒方法是不冷不热，在合适的时候喝。

尝闻一医者云：酒不宜冷饮，颇忽之[①]，谓其未知丹溪之论而云然耳[②]。数年后，秋间病痢，致此医治之。云：“公莫非多饮凉酒乎？”予实告以遵信丹溪之言，暑中常冷饮醇酒。医云：“丹溪知热酒之为害，而不知冷酒之害尤甚也！”予因其言而思之，热酒固能伤肺，然行气和血之功居多；冷酒于肺无伤，而胃性恶寒，多饮之，必致瘀滞其气。而为亭饮[③]，盖不冷不热，适其

中和，斯无患害。古人有“温酒”“暖酒”之名，有以也[4]。(《菽园杂记》)

【注释】

①颇忽之：很有些不在意。忽，不重视，不注意。

②丹溪：即朱震亨（1281—1358），号丹溪，字彦修，元代医学家，著有《格致余论》《局方发挥》等。

③亭饮：意为不冷不热的饮料。亭，妥当，匀称。

④以：原因。

中国历史上有很长的饮茶记录，关于中国人饮茶的起源时间众说纷纭，有的认为起于上古，有的认为起于周，起于秦汉、三国、南北朝、唐代的说法也都有。至于茶是怎么被发现的，唐人陆羽《茶经》中认为：“茶之为饮，发乎神农氏。”在中国的文化发展史上，往往是把一切与农业、与植物相关的事物起源最终都归结于神农氏。茶的品类繁多，数不胜数。

盛行茶品

茶之产于天下多矣。若剑南有蒙顶石花[1]，湖州有顾渚紫笋[2]，峡州有碧涧明月[3]，邛州有火井思安[4]，渠江有薄片[5]，巴东有真香[6]，福州有柏岩[7]，洪州有白露[8]，常之阳羡[9]，婺之举岩[10]，丫山之阳坡，龙安之骑火[11]，黔阳之都濡高株[12]，泸川之纳溪梅岭之数者[13]，其名皆著。品第之，则石花最上，紫笋次之，又次则碧涧明月之类是也，惜皆不可致耳。若近时虎邱山茶亦可称奇，惜不多得。若天池茶在谷雨前[14]，收细芽炒得法者，青翠芳馨，嗅亦消渴。若真岕茶其价甚重[15]，两倍天池，惜乎难得。须用，自己令人采收方妙。又如浙之六安[16]，茶品亦精，但不善炒不能发香而色苦，茶之本性实佳。为杭之龙泓（即龙井也）茶，真者天池不能及也。山中仅有一二家炒法甚精，近有山僧焙者亦妙，但出龙井者方妙，而龙井之山不过十数亩，外此有茶似皆不及，附近假充尤之可也。至于北山西溪俱充龙井，即杭人识龙井茶味者亦少，以乱真多耳，意者天开龙井美泉，山灵特生佳茗以副之耳，不得其运者当以天池、龙井为最。外此，天竺、灵隐，为龙井之次，临安于潜生于天目山者[17]，与舒州同，亦次品也。茶自浙以北皆较胜，惟闽广以南，不惟水不可轻饮，而茶亦宜慎。昔鸿渐未详岭南诸茶[18]，乃云岭南茶味极佳，孰知岭南之地多瘴疠之气，染着草木，北人食之，多致成疾，故当慎之。要当采时，待其日出山霁，雾障山岚收净，采之可也。茶团、茶片皆幽碾磑[19]，大失真味。茶以日晒者佳甚，青翠香洁，更胜火炒多矣。（《遵生八笺》）

【注释】

①剑南有蒙顶石花：剑南，古地名，以在四川剑阁以南得名，包括今四川成都涪江以西和云南、贵州部分地区。蒙顶，蒙山

之顶。蒙山在四川省名山县西，其最高之峰曰上清峰，峰顶有茶树七株，产茶甚少，明时入贡京师，每年仅有一钱多一点，故极其名贵。石花，即石蕊，其味甘涩如茶，故以茶名。李时珍《本草纲目》云：石蕊“今人谓之蒙顶茶，生兖州蒙岩上”。此又一说也。此处指剑南蒙顶石花茶，非兖州蒙顶。

②湖州有顾渚紫笋：湖州，属浙江省。顾渚，在浙江省长兴县西北，所产紫笋茶甚为名贵，唐时以之入贡。《元和志》载：“贞元以后，岁进顾山紫笋茶，役工三万余人，累月方毕。”《新唐书·陆龟蒙传》载：“龟蒙嗜茶，置园顾渚山下，岁取租茶，自为品第。”苏轼有诗云：“千金买断顾渚春。”足见顾渚茶之名贵。

③峡州：地名，因在长江三峡之口而得名。今湖北宜昌、宣都一带地方，明代改为夷陵州。碧涧明月：茶名。

④邛州：今四川邛崃。邛崃多天然气井，古称火井。火井思安：茶名。

⑤渠江：在四川。薄片：茶名。

⑥巴东：四川巴水以东，今湖北巴东县。巴东县有金字山，产茶，色微白，世称“巴东真香茗”。真香：茶名。

⑦柏岩：茶名。

⑧洪州：今江西南昌。白露：茶名。

⑨常之：古常州府宜兴。阳羡：即宜兴，借作茶名。阳羡茶，亦贡品。

⑩婺之举岩：指旧婺州，今浙江金华，古东阳县东目山举岩产茶。

⑪龙安：古县名，今四川平武等地。骑火：茶名。

⑫黔阳：在湖南省西部，沅江上游。都濡高株：茶名。

⑬泸川：在四川泸州。纳溪梅岭：茶名。

⑭谷雨前：谷雨前收之芽茶曰雨前。谷雨，我国农时二十四节气之一，在公历四月十九日、二十日或二十一日。

⑮芥茶：产于浙江长兴县境。因在宜兴罗解两山之间故名。又因种者姓罗，亦名“罗茶”“罗芥茶”。

⑯浙之六安：六安，茶名，产自安徽霍山县的大蜀山，霍山过去属于六安郡，故称“六安茶”。相传此茶可消除垢腻，去积滞。

⑰临安：南宋杭州称临安。于潜：茶名。

⑱鸿渐：陆鸿渐，即著《茶经》之陆羽，字鸿渐。

⑲碾磑（wèi）：碾子石磨。

茶的形态

同样对明朝茶品进行记录的还有杨慎的《升庵外集》，他在《茶录》一篇中将茶分为两类，一类为片茶，一类为散茶。制造片茶需要蒸、研磨、烘干等工艺，建昌和剑南一带片茶可分为12个等级，用于向朝廷缴纳每年的贡品和供国家需要，同时也供本地百姓饮用。除此之外还有其他州所产片茶36个品名，如仙芝、嫩蕊出产于饶州和池州，玉津出产于临江军、灵川和福州等地。散茶较片茶的品名稍少，杨慎共记录了12种，如清口出产于归州、茗子出产于江南。

凡茶有二类：曰片；曰散。片茶蒸造，实棬模中串之。惟建[①]、剑则既蒸而研[②]，编竹为格，置焙室中，最为精洁。佗处不能造[③]。其名有龙、凤、石乳、的乳、白乳、头金、蜡面、头骨、次骨、末骨、鹿骨、山挺十二等，以充岁贡及邦国之用洎[④]。本路食茶。馀州片茶，有进宝、双胜、宝山、两府出兴国军[⑤]；仙芝、嫩蕊、福合、禄合、运合、庆合、指合出饶[⑥]、池州[⑦]；泥片出虔州[⑧]；绿英、金片出袁州[⑨]；玉津出临江军[⑩]、灵川[⑪]、福州[⑫]；先春、早春、华英、来泉、胜金出歙州[⑬]；独行、灵草、绿芽、片金、金茗出潭州[⑭]；大柘枕出江陵[⑮]；开胜、开捲、小捲、主黄、翎毛出岳州[⑯]；双上、绿芽、大小方出岳[⑰]、辰[⑱]、澧州[⑲]、东首、浅山；簿侧出光州[⑳]。总二十一名[㉑]。其两浙及宜江[㉒]、晁州止以上[㉓]、中、下或第一至第五为号。散茶有太湖、龙溪、次号、末号出淮南[㉔]；岳麓、草子、杨树、雨前、雨后出荆湖[㉕]；清口出归州[㉖]；茗子出江南[㉗]。总十一名。又，小舰山在六安州出[㉘]，茶名小岘春，即六安茶也。(《升庵外集》)

【注释】

①建：地名，建昌道，今四川西昌地区。

②剑：剑南道，今四川剑阁以南大江以北广大地区。研：磨碾。

③佗（tuō）：同“他”。

④洎（jì）：及。

⑤兴国军：地名。宋置，今湖北阳新县。

⑥饶：饶州，地名。隋置，治所在鄱阳（今江西波阳）。

⑦池州：地名。唐置，治所在秋浦（今安徽贵池）。

⑧虔州：隋置，治所在赣县（今江西赣州）。

⑨袁州：隋置，治所在宜春（今属江西）。

⑩临江军：地名。宋置，治所在今江西清江县。

⑪灵川：地名。唐置县，在今广西灵川县境。

⑫福州：地名。隋置闽州，唐改福州，在今福建闽侯县境。

⑬歙（shè）州：隋初置，宋改为徽州，今安徽歙县。

⑭潭州：隋名长沙郡，唐改为潭州，明为潭州府，治所在今湖南长沙。

⑮江陵：今湖北江陵。

⑯岳州：隋改巴州置岳州，在今湖南岳阳。

⑰岳：岳州。

⑱辰：辰州，在今湖南沅陵、长溪等地。

⑲澧州：在今湖南澧县。

⑳光州：今河南潢川。

㉑二：疑有误，应为“三”。

㉒两浙：地名。指浙东、浙西，今浙江钱塘南北。宜江：今四川宜宾地区。

㉓晁州：唐置羁縻州，今四川境内。

㉔淮南：淮南郡，三国魏置，在淮水之南，今湖北、江苏、安徽的部分地区。

㉕荆湖：地名，今湖北、湖南地区。

㉖归州：唐置，今湖北秭归县。

㉗江南：路名，治所在江宁（今江苏南京）。

㉘六安州：宋置六安军，元改为州，今安徽六安。

煎茶法

煎茶法不知起于何时，是古代中国劳动人民发明的制茶工艺，唐人陆羽《茶经》始有详细记载。我们的祖先最先把茶叶当作药物，从野生的大茶树上砍下枝条，采集嫩梢，先是生嚼，后是加水煮成汤饮。大约在秦汉以后，出现了一种半制半饮的煎茶法。到唐时，煎茶工艺越来越复杂。明时，高濂《遵生八笺》中提出了“煎茶四要”，即一择水，二洗茶，三候汤，四择品。古人对煎茶的条件要求极高，从水到茶叶的选择上都十分考究，这也是茶饮在古代极为盛行的原因之一。

一择水：凡水泉不甘，能损茶味，故古人择水最为切要。山水上，江水次，井水下。山水乳泉漫流者为上，瀑涌湍急，勿食，食久令人有颈疾[①]。江水取去人远者。井水取汲多者。如蟹黄混浊咸苦者皆勿用。若杭湖心水、吴山第一泉、郭璞井、虎跑泉、龙井、葛仙翁井俱佳[②]。

二洗茶：凡烹茶先以热汤洗茶叶，去其尘垢冷气，烹之则美。

三候汤：凡茶须缓火炙、活火煎。活火谓炭火之有焰者。当使汤无妄沸，庶可养茶。始则鱼目散布，微微有声；中则四边泉涌，累累连珠；终则腾波鼓浪，水气全消，谓之老汤。三沸之法非活火不能成也。最忌柴叶烟熏煎茶——为此《清异录》云[③]："五贼六魔汤也。凡茶少汤多则云脚散，汤少茶多则乳面聚。"

四择品：凡瓶要小者易候汤。又点茶注汤相应，若瓶大啜存[④]，停久味过则不佳矣。茶铫茶瓶磁砂为上，铜锡次之。磁壶注茶，砂铫煮水为上。《清异录》云："富贵汤，当以银铫煮汤佳甚。铜铫煮水、锡壶注茶次之。"

茶盏惟宣窑坛盏为最[⑤]，质厚白莹，样式古雅。有等宣窑印花白瓯，式样得中而莹然如玉。次则嘉窑[⑥]。心内茶字小盏为美。欲试茶色黄白，岂容青花乱之？注酒亦然。惟纯白色器皿为最上乘品，余皆不取。(《遵生八笺》)

【注释】

①令人有颈疾：因山水缺少碘。

②湖心水……葛仙翁井：均在杭州。

③《清异录》：北宋陶穀撰。

④啜：喝。

⑤宣窑：明宣德中以营造所丞在景德镇专督工匠造瓷，简称宣窑。选料、装样、画器、题款，无一不精。

⑥嘉窑：明代嘉靖时官窑。

茶　道

试茶即品茶，这也是整个饮茶环节中极为重要的一环，高濂的“试茶三要”即点明了明人品茶最重要的三点，一为涤器，二为熁盏，三为择果。涤器就是洗涤茶杯、茶盏等物；熁盏则强调点茶前要靠近火热干茶盏；择果即在点茶时选择适宜的果子与茶同吃。如若选择果子不佳，则可会夺茶之香、茶之味、茶之色。

一涤器：茶瓶茶盏茶匙生铣致损茶味[①]，必须先事洗洁则美。

二熁盏[②]：凡点茶先须熁盏令热，则茶面聚乳，冷则茶色不浮。

三择果：茶有真香，有佳味，有正色，烹点之际不宜以珍果香草杂之。夺其香者：松子、柑橙、莲心、木瓜、梅花、茉莉、蔷薇、木樨之类是也[3]；夺其味者：牛乳、蟠桃、圆眼、枇杷之类是也；夺其色者：柿饼、胶枣、火桃、杨梅、橙橘之类是也。凡饮佳茶，去果方觉清绝，杂之则无辩矣。若欲用之，所宜核桃、榛子、瓜仁、杏仁、榄仁、栗子、鸡头、银杏之类，或可用也。(《遵生八笺》)

【注释】

①鉎（shēng）：原指铁锈衣，此处指茶锈。

②熁（xié）盏：靠近火热干。

③木樨：即桂花。

茶叶加工

明代的茗饮，以芽茶取代团茶，以冲瀹取代煎烹，这是中国茗饮史上的巨大变革，推动了炒青工艺的发展和茗饮形式的艺术化。松萝茶是明清茶苑的一枝奇葩，它的崛起和盛行体现了制茶工艺的精湛与茗饮文化内涵的丰富。松萝是安徽休宁北部的一座小山，毗邻歙县，以多松著称。据冯时可《茶录》记载，明隆庆年间（1567—1572），僧人大方在此山结庵制茶，松萝茶很快声名远扬。松萝茶属炒青绿茶，主要有采摘、炒焙两道。关于采摘，闻龙的《茶笺》和谢肇淛的《五杂俎》皆有详细介绍，而龙膺的《蒙史》对松萝茶炒焙的记载最为翔实。

茶全贵采造，苏州茶饮遍天下，专以采造胜耳。徽郡向无茶，近出松萝，最为时尚。是茶始比丘大方，大方居虎丘最久，得采造法。其后于徽之松萝结庵，采诸山茶，于庵焙制，远迩争市，价忽翔涌[①]。人因称松萝，实非松萝所出也。(《茶录》)

茶初摘时，须拣去枝梗老叶，惟取嫩叶。又须去尖与柄，恐其易焦，此松萝法也。(《茶笺》)

予尝过松萝，遇一制茶僧，询其法，曰："茶之香，原不甚相远，惟焙之者火候极难调耳。茶叶尖者太嫩，而蒂多老。至火候匀时，尖者已焦，而蒂尚未熟。二者杂之，茶安得佳?"制松萝者，每叶皆剪去其尖蒂，但留中段，故茶皆一色。(《五杂俎》)

松萝茶出休宁松萝山[②]，僧大方所创造。予理新安时，入松萝，亲见之，为书茶僧卷。其制法：用铛摩擦光净，以干松枝为薪，炊热候微炙手，将嫩茶一握置铛中，札札有声，急手炒匀，出之箕上。箕用细篾为之，薄摊箕内，用扇扇冷。略加揉挼，再略炒，另入文火铛焙干，色如翡翠。(《蒙史》)

【注释】

①翔涌：谓物价腾贵或暴涨。

②松萝茶：松萝茶属绿茶类，为历史名茶，创于明初，产于黄山市休宁县休歙边界黄山余脉的松萝山。松萝茶的品质特点是，条索紧卷匀壮，色泽绿润，香气高爽，滋味浓厚，带有橄榄香味，汤色绿明，叶底绿嫩。饮后令人神驰心怡，古人有“松萝香气盖龙井”之赞辞。

茶要与茶效

煎茶四要·择水：凡水泉不甘，能损茶味之严。故古人择水，最为切要[①]。山水上，江水次，井水下。山水乳泉漫流者为上[②]。

茶三要·择果：茶有真香，有佳味，有正色[③]，烹点之际，不宜以珍果香草杂之。

茶效：人饮真茶，能止渴消食，除痰少睡，利水道[④]，明目益思，除烦去腻。(《茶谱》)

【注释】

①切要：重要。

②山水乳泉漫流者为上：山水，最好选取乳泉漫流的水（这种水流动不急，水中的杂质较少）。

③有正色：有纯正的颜色。

④利水道：水道是指人体内液体循环系统，如泌尿系统。

利水道是指有利于保持系统通畅，水循环通顺。

藏茶法

茶品的优劣不仅与本身的生长环境相关，茶叶的存放也是影响茶品香味、口感的重要因素，因此茶品的储藏成为决定茶叶品质的关键环节。茶叶吸湿及吸味性强，很容易吸附空气中水分及异味，若贮存方法稍有不当，就会在短时期内失去风味，而且愈是清发酵高清香的名贵茶叶，愈是难以保存。通常茶叶在贮放一段时间后，香气、滋味、颜色会发生变化，原来的新茶味消失，陈味渐露。因此，掌握茶叶的储存方法，保证茶叶的品质，是爱茶者生活中必不可少的技能。

茶宜蒻叶而畏香药[①]，喜温燥而忌冷湿，故收藏之家以蒻叶封裹入焙中，两三日一次。用火当如人体温，温则去湿润。若火多则茶焦不可食矣。

又云以中坛盛茶叶十斤一瓶，每年烧稻草灰入大桶，茶瓶座桶中、以灰四面填桶，瓶上覆灰，筑实，每用拨灰，开瓶取茶些少，仍复覆灰，再无蒸坏，次年换灰为之。

又云空楼中悬架，将茶瓶口朝下放，不蒸原蒸自天而下，故宜倒放。

若上二种芽茶，除以清泉烹外，花香杂果俱不容入。人有好以花拌茶者，此用平等细茶拌之，庶茶味不减，花香盈颊，终不脱俗。如橙茶、莲花茶，于日未出时，将半含莲花拨开，放细茶一撮，纳满蕊中，以麻皮略縶[②]，令其经宿，次早摘花，倾出茶叶，用建纸包茶，焙干。再如前法，又将茶叶入别蕊中，如此者数次，取其焙干，收用，不胜香美。

木樨、茉莉、玫瑰、蔷薇、兰蕙[③]、橘花、栀子、木香、梅花皆可作茶。诸花开时，摘其半含半放，蕊之香气全者，量其茶叶多少，摘花为拌。花多则太香而脱茶韵，花少则不香而不尽美，三停茶叶一停花，始称。假如木樨花，须去其枝蒂，及尘垢虫蚁，用磁罐，一层花，一层茶，投间至满，纸箬縶固，入锅，重汤煮之，取出，待冷，用纸封裹，置火上焙干，收用。诸花仿此。（《遵生八笺》）

【注释】

①蒻（ruò）叶：即箬竹叶。

②縶（zhí）：用绳子拴捆。

③兰蕙：兰，香草也；蕙，薰草也。兰是菊科的佩兰和泽兰，而蕙可能是零陵香。自宋代开始兰蕙则单指兰科植物的地生兰。

茶　器

茶器，用现在人的观点来看，饮一杯茶用这么多复杂的器具似乎难以理解。但对于古代人来说，则是完成一定礼仪，是饮茶至好至精的必然过程。用器的过程，也是享受制汤、造华的过程。“工欲善其事，必先利其器”，这是说一般劳动工作。茶艺是一种物质活动，更是精神艺术活动，器具则更要讲究，不仅要好使好用，而且要有条有理，有美感。所以，早在《茶经》中，陆羽便精心设计了适于烹茶、品饮的二十四器。宋代不再直接煮茶，而用点茶法，因而器具亦随之变化。宋代茶艺，处处体现了理学的影响，连器具亦不例外。明清废团茶，散茶大兴，烹煮过程简单化，甚至直接用冲泡法，因而烹茶器皿亦随之简化。但简化不等于粗制滥造，尤其对壶与碗的要求，更为精美、别致，出现各种新奇造型。由于中国瓷器到明代有一个高度发展，壶具不但造型美，花色、质地、釉彩、窑品高下也更为讲究，茶器向简而精的方向发展。壶、碗历代皆出有珍品。

茶具十六器：收贮于器局供役，苦节君者，故立名管之，盖欲归统于一，以其素有贞心雅操而能自守之也。

商象（古召鼎也，用以煎茶。）

归洁（竹筅帚也，用以涤壶。）

分盈（杓也，用以量水斤两。）

递火（铜火斗也，用以搬火。）

降红（铜火箸也，用以簇火。）

执权（准茶秤也，每杓水二斤，用茶一两。）

团风（素竹扇也，用以发火。）

漉尘（茶洗也，用以洗茶。）

静沸（竹架，即《茶经》支腹也。）

注春（磁瓦壶也，用以注茶。）

运锋（劖果刀也[1]，用以切果。）

甘钝（木砧墩也。）

啜香（磁瓦瓯也，用以啜茶。）

撩云（竹茶匙也，用以取果。）

纳敬（竹茶橐也，用以放盏。）

受污（拭抹布也，用以洁瓯。）

总贮茶器七具：

苦节君（煮茶竹炉也，用以煎茶，更有行者收藏。）

建城（以蒻为笼，封茶以贮高阁。）

云屯（磁瓶用以杓，泉以供煮也。）

乌府（以竹为篮，用以盛炭，为煎茶之责。）

水曹（即磁缸瓦缶，用以贮泉，以供火鼎。）

器局（竹编为方箱，用以收茶具者。）

外有品司（竹编圆橦提盒，用以收贮各品茶件，以待烹品者

也。)(《遵生八笺》)

【注释】

①劖(chán):切断。

饮茶禁忌

《岕茶笺》，明末清初冯可宾撰。冯可宾，字正卿，山东益都(今山东寿光南)人。天启壬戌(1622)进士，曾任湖州司理。全书约1000字，分为“序岕名”“论采茶”“论蒸茶”“论焙茶”“论藏茶”“辨真赝”“论烹茶”“品泉水”“论茶具”“茶宜”“禁忌”等11则。《岕茶笺》基本上代表了明代文人、僧道、名士饮茶的一般习惯，讲求茶友间的心心相印一切饮茶器具的洁净以及饮茶环境的雅致。

饮茶之所宜者：一无事，二佳客，三幽坐，四吟咏，五挥翰[①]，六徜徉，七睡起，八宿醒，九清供，十精舍，十一会心，十二鉴赏，十三文章。

饮茶之所忌者：一不如法[②]，二恶具[③]，三主客不韵[④]，四冠裳苛礼[⑤]，五荤肴杂陈[⑥]，六忙冗[⑦]，七壁间案头多恶趣[⑧]。(《岕茶笺》)

【注释】

①挥翰：犹挥毫。翰，本义指长而坚硬的羽毛。

②不如法：不按照顺序方法泡茶。

③恶具：茶具选配不当或者不干净。

④主客不韵：主人、客人修养素质不雅。

⑤冠裳苛礼：官场不得已应酬。

⑥荤肴杂陈：肉菜、素菜等搭配混乱影响茶味。

⑦忙冗：忙于应付或繁杂无心品茗。

⑧壁间案头多恶趣：茶室及茶案布置凌乱。

官宦世家的个性美食

明代的官宦士大夫之家大都注重饮食，讲求饮食之道。在此方面有自己的独特之处，所谓“三代仕宦，着衣食饭”。例如，张岱就自称他家“家常宴会，但留心烹饪，庖厨之精，遂甲江左”，可视为一个典型的例子。他们甚至亲力亲为，著书立说，张岱祖父著有《饕史》四卷，张岱在此基础上修订成为《老饕集》。在这样的重视之下，仕宦之家的饮食大都精致而美味，博得大家的赞不绝口，让主人引以为荣。当然许多制法都是专有技术，秘不外传的。一些文人的诗文中透露出许多这样的信息，不一而足。例如，成化年间进士程敏政在《傅嘉面食行》一诗中，对明代官宦之家——傅家的精美面食大加赞赏，嘉靖年间的王世贞在《夜过前中垂翟廷献饮醉作》一诗中，也对翟家的美味馔肴赞美不绝。

傅家面食天下工[①]，制法来自东山东。美味甘酥色莹雪，一由入口心神融。旁人未许窥釜炙，素手每自开蒸笼[②]。侯鲭上食固多品[3]，此味或恐无专攻。并洛人家亦精办，敛手未敢来争雄。主人官属司徒公，好客往往尊罍同。我虽北人本南产，饥肠不受饼饵充。惟到君家不须劝，大嚼颇惧冰盘空。膝前新生两小童，大都已解呼乃翁。愿君饤饾常加丰[4]，待我携醉双袖中。(《傅嘉面食行》)

翟公之门可罗雀[5]，五马焉用长经过。丈夫义气偶相许，不惜葡萄千石多。君家食单况无敌，蒸饼能为十字坼。凫臇金缕压鹅黄[6]，蟹擘霜螯胜熊白[7]。洛城可数饮乳豚，安定虚传噎鸠麦。问君行年七十强，红颜绿鬓双瞳方[8]。手谈意驱尽奇品[9]，高歌激尘飞绕粱。一曲一杯殊未已，残月千门夜如水。欲别无劳问姓名，其人高阳酒徒耳。(《夜过前中垂翟廷献饮醉作》)

【注释】

①面食：面粉制品的统称。

②素手：犹言徒手，空手。

③倏鲭(zhēng)：精美的荤菜。鲭，鱼和肉合烹而成的食物。

④饤饾(dìng dòu)：指摆设的多而杂的食品。

⑤翟公：翟瓒，明山东昌邑人，字廷献。正德九年(1514)进士。授工科给事中，历官河南按察副使。参与镇压山西潞城县陈卿起事，官至湖广巡抚。

⑥凫臇(fú juǎn)：少汁的鸭肉羹。

⑦霜螯：蟹到霜降季节才肥美，故称。螯，蟹螯。熊白：

熊背上的脂肪，色白，故名，为珍贵美味。

⑧绿鬓：乌黑而有光泽的鬓发。

⑨手谈：下围棋。

明代特有的文化氛围以及启蒙思想的影响使人们的饮食中多了几分艺术化的气息。这在明代文人中体现最明显，但是又没有完全局限于这一群体，形成了一种大众化的趋势与潮流。宫廷内的螃蟹宴《天启宫词一百首》记述说“玉笋苏汤轻盅罢，笑看蝴蝶满盘飞”。那些寂寞的嫔妃宫女以剔蟹骨像蝴蝶形作消遣，这就超出饮食的本身，成为一种文化性的活动。《琅诗集》有《咏方物》36首，对各种鱼肉瓜果蔬菜食物的造型、色彩的描写，洋溢着浓郁的艺术情趣。各种花朵也被当作材料，制作成为食物，显出了制作者的不俗品位。试想满桌花香飘逸，颜色动人，陈继儒的山癯食谱的确让人动心不已，很想一试。本篇主要节选自陈继儒《岩栖幽事》以及谢肇淛《五杂俎》。

吾山无薇蕨[1]，然梅花可以点汤，芦卜玉兰可以蘸面，牡丹可以煎酥，玫瑰，蔷薇，茱萸可以酿酱，枸杞蘼葱，紫藤花可以佐馔，其余豆荚瓜葅[2]，菜苗松粉，又可以补笋脯之缺，此山癯食谱也。(《岩栖幽事》)

今人有以玫瑰，荼蘼[3]，牡丹诸花片蜜渍而啖之者。芙蓉可以作粥，亦可作汤。闽建阳人多取兰花，以少盐水渍三四宿，取出洗之以点茶，绝不俗。又菊蕊将绽时，以蜡涂其口，俟过时摘以入汤，则蜡化而花茁，馨香酷烈，尤奇品也。但兰根食之能杀人[4]，不可不慎。（《五杂俎》）

【注释】

①薇蕨（jué）：意思是指薇和蕨。嫩叶皆可作蔬，为贫苦者所常食。

②葅（zū）：同“菹”。意为酸菜、腌菜。

③荼縻：即荼蘼。

④兰根：又称作“兰花根”，兰根有顺气、和血、利湿、消肿等功效。

冒辟疆，字辟疆，号巢民，一号朴庵，又号朴巢，明末清初的文学家，南直隶如皋（今江苏如皋）人。他在《影梅庵忆语》中记述了他和董小宛共同生活时的款款深情，也记录了他们艺术化的饮食生活。董小宛性格上的淡泊，加上女性特有的细腻与感性，决定了她在食物制作上个性化、艺术化的特色。不仅注重饮食的美味，而且在视觉和嗅觉上也给人一种美的享受。她注重从自然中寻找原料，利用鲜花五彩缤纷的色彩和其与器皿颜色的鲜明对比，给人无尽的美感，让人在品尝之前，就有一种赏心悦目的心情；在其他食品，如鸡鸭鱼肉的制作上也融入艺术趣味。

姬性淡泊，于肥甘一无嗜好。每饭以芥菜一小壶温淘，佐以水菜香豉数茎粒，编组一餐。余饮食最少，而嗜香甜及海错风熏之味。又不甚自食。每喜与宾客共赏之。姬知余意，竭其美洁，出佐盘盂，种种不可悉记，随手数则，可睹一斑也。

酿饴为露[①]，和以盐梅，凡有色香花蕊，皆于初放时采渍之。经年香味颜色不变，红鲜如摘，而花汁融夜露中，入口喷鼻，奇香异艳，非复恒有。最娇者为秋海棠露，海棠无香，此独露凝香发。又谷名断肠草[②]，以为不食，而味美独冠诸花。次则梅英[③]，野蔷薇，玫瑰，丹桂，至橙黄，橘红，佛手，香橼，去白缕丝，色味便胜。酒后出数十种，五色浮动白瓷中，解酲消渴，金茎仙掌，难与争衡也。

火肉久者无油，有松柏之味；风鱼久者如火肉，有麂鹿之味[④]。醉蛤如桃花，醉鲟骨如白玉，油鲳如鲟鱼，虾松如龙须，烘兔酥雉如饼饵，可以笼食。

西瓜膏：取五月桃花汁、西瓜汁一瓤一丝，漉尽，以文火煎至七八分，始搅糖细炼。桃膏如大红琥珀，瓜膏可比金丝内糖。（《影梅庵忆语》）

【注释】

①饴（yí）：即饴糖，以含有淀粉的物质为原料经糖化和加工制得。

②断肠草：又称为钩吻，是葫蔓藤科植物葫蔓藤，一年生的藤本植物。断肠草分布于我国南部及西南地区，包括台湾、福建、浙江、江西、湖南等地。

③梅英：即梅花。

④麂（jǐ）鹿：俗称麂子，哺乳纲偶蹄目鹿科。

南来北往　四方味道

《菽园杂记》，明人陆容编撰。陆容（1436—1497），字文量，号式斋，江苏太仓人，与张泰、陆釴齐名，号称“娄东三凤”之一。《菽园杂记》以记载明代朝野故实为主，旁及诙谐杂事，收载不少有关饮食方面的资料，主要是关于一些地方特产、饮食风俗及食物名称考订，对于研究明代的饮食文化具有重要意义。

环、庆之墟有盐池[①]，产盐皆方块如骰子，色莹然明彻，盖即所谓水晶盐也。池底又有盐根如石，土人取之[②]，规为盘盂。凡煮肉贮其中抄匀，皆有盐味；用之年久，则日渐销薄[③]。甘肃灵夏之地，又有青、黄、红盐三种，皆生池中。

江西民俗勤俭，每事各有节制之法，然亦各有一名[④]。如吃饭，先一碗不许吃菜，第二碗才以菜助之，名曰“斋打底”。馔品好买猪杂脏[⑤]，名曰“狗静坐”，以其无骨可遗也。劝酒果品，以木雕刻彩色饰之，中惟时果一品可食，名曰“子孙果盒”。献神牲品，赁于食店，献毕还之，名曰“人没分”[⑥]。节俭至此，可谓极矣。学生读书人，各独坐一木榻，不许设长凳，恐其睡也，名曰“没得睡”。此法可取。

宣府、大同之墟产黄鼠，秋高时肥美，土人以为珍馔。守臣岁以贡献，及馈送朝贵，则下令军中捕之。价腾贵，一鼠可值银一钱，颇为地方贻害。凡捕鼠者，必畜松尾鼠数只，名夜猴儿，能嗅黄鼠穴，知其有无，有则入啮其鼻而出。盖物各有所制，如蜀人养乌鬼以捕鱼也。

尝登峰山，山僧作水饭为供，食一蔬，味佳，问之，云“张留儿菜[7]”。令采观之，乃“商陆”也[8]。余姚人每言其乡水族有“弹涂[9]”，味甚美。详问其状，乃吾乡所谓“望潮郎”耳[10]。此物吾乡极贫者亦不食，彼以为珍味。商陆在吾乡牛羊亦不食，彼以为旨蓄。正犹河豚在吴中为珍异，直沽渔人割其肝而弃之。时鱼尤吴人所珍，而江西人以为瘟鱼，不食。

香蕈[11]，惟深山至阴之处有之。其法，用干心木、橄榄木，名曰蕈檽[12]。先就深山下斫倒仆地，用斧班驳锉木皮上，候淹湿，经二年始间出，至第三年蕈乃遍出。每经立春后，地气发泄，雷雨震动，则交出木上，始采取。以竹篾穿挂，焙干。至秋冬之交，再用工遍木敲击，其蕈间出，名曰惊蕈。惟经雨则出多，所制亦如春法，但不若春蕈之厚耳。大率厚而小者，香味俱胜。又有一种，适当清明向日处，间出小蕈，就木上自干，名曰日蕈。此蕈尤佳，但不可多得。今春蕈用日晒干，同谓之日蕈，香味亦佳。(《菽园杂记》)

【注释】

①环、庆：指古代的环州、庆州，今甘肃庆阳市附近。

②土人取之：当地人所使用的。土人，指当地人。

③日渐销薄：渐渐变少。

④然亦各有一名：然而各有一个名字。

⑤馔（zhuàn）品：陈设准备的美味佳肴。

⑥献神牲品，赁于食店，献毕还之，名曰“人没分”：祭神所用的祭品是从饭店租（猪肉、牛肉）之类的祭牲品，祭祀完毕后再还给店家，这叫“人没分”。

⑦⑧“张留儿菜”、“商陆”：即我们今天俗称的“倒水莲”，根可入药，又称“章柳根”。每年秋、冬或次年春季均可采收。挖取后，除去茎叶、须根及泥土，洗净，切片晒干或阴干即可入药。其性寒，味苦，有毒，具有逐水消肿、通利二便、解毒散结的功效。

⑨⑩“弹涂”、“望潮郎”：又称跳跳鱼、泥猴、海兔等。肉质细嫩，具有补肾壮腰、活血止痛、解毒的功效。可用于肾虚腰痛、扭伤、坐骨神经痛等。民间有将之与当归、熟地黄一同清煮，用于滋补，并促进伤口愈合，常用于手术后病人及产妇。还认为其具有催乳、止夜尿和小儿盗汗等作用。

⑪香蕈（xùn）：即香菇。

⑫榛（zhēn）：古同“榛”。

江　苏

《云林遗事》，明人顾元庆编撰。全书共一卷，分五目：高逸第一，诗画第二，洁癖第三，游寓第四，饮食第五。有关饮食的内容主要集中在第五目“饮食”中，所记均为江苏地方风味菜肴及其制法，具有鲜明的地方特色。其中有些菜品的制法相当精妙，如“蜜酿蝤蛑”“煮蟹法”“糟馒头”“黄雀馒头法”“雪盒菜”“熟灌藕”“莲花茶”等，详细具体，便于掌握。

蜜酿蝤蛑[①]：初用盐水略煮，才色变便捞起。劈开，留全壳。螯脚出肉，股剁作小块。先将上件排在壳内，以蜜少许入鸡蛋内搅匀，浇遍，次以膏腴铺鸡蛋上蒸之。鸡蛋才干凝便啖[②]，不可蒸过。橙齑[③]、醋供。

糟馒头[④]：用细馅馒头逐个用细黄草布包裹，或用全幅布。先铺糟在大盘内，用布摊上，稀排馒头，再以布覆之，用糟厚盖布上。糟一宿取出，香油炸之。冬日可留半月，则旋火炙之。

黄雀馒头：用黄雀以脑及翅，葱椒盐同剁碎馅，酿腹中，以发酵面裹之，作小长卷。两头令平圆，上笼蒸之。或如蒸后糟馒头法糟过，香油炸之尤妙。

雪盒菜：用春菜心少留叶，每科作二段，入碗内，以乳饼厚切片盖满菜上[5]，以花椒末于手心揉碎糁上。椒不须多，以纯酒入盐少许浇满碗中，上笼蒸[6]，菜熟烂啖之。

煮蟹法：用生姜、紫苏[7]、橘皮、盐同煮，才火沸透便翻[8]，再一大沸透便啖。凡煮蟹，旋煮旋啖则佳[9]。以一人为率，秖可煮二只。啖已再煮。捣橙齑醋供。

熟灌藕：用绝好真粉入蜜及麝少许灌藕内，从大头灌入，用油纸包扎煮藕熟，切片热啖之。

莲花茶：就池沼中早饭前初日出时择取莲花蕊略破者，以手指拨开，入茶满其中，用麻丝缚扎定[10]。经一宿，明早连花摘之，取茶纸包晒干。如此三次，锡罐盛口收藏。(《云林遗事》)

【注释】

①蝤（yóu）蛑（móu）：即锯缘青蟹，属梭子蟹科，但与梭子蟹有细微差别，有膏，双螯，多肉。具有活血化瘀、消食、通乳之功效。常用于血瘀经闭，产后瘀滞腹痛，消化不良，食积痞满，乳汁不足。

②鸡蛋才干凝便啖（dàn）：鸡蛋液凝结了立马食用。啖，吃。

③橙齑（jī）：即橙子切细丝或捣碎。

④糟馒头：用酒母发酵制作的馒头，外形饱满，富有弹性，手一捏就瘪，一放就恢复原状，品尝时带有酒香。

⑤乳饼：乳制食品名，郭沫若《孔雀胆》附录《昆明景物》：“邓川乳扇与路南乳饼，均云南名产，为羊奶所制，素食妙品也。甜食咸食均可。”

⑥蒸笼：用竹篾、木片等制成的蒸食物用的器具。

⑦紫苏：是唇形科紫苏属一年生草本植物。紫苏可供药用和香料用，叶又供食用，和肉类煮熟可增加后者的香味。

⑧才：等到。

⑨旋煮旋啖：即煮即食。

⑩缚：捆绑。

杭　州

《西湖游览志余》，明人田汝成编撰。田汝成（1503—1557），字叔禾（一作叔各），钱塘（今浙江杭州）人。这本书内容主要为宋元以来杭州地区的民间传说、故事、歌谣、谚语和民俗风情等。全书26卷，分12类，其中卷二十《熙朝乐事》、卷二十至卷二十五的《委巷丛谈》与饮食烹饪关系比较密切。《熙朝乐事》中记载了杭州地区节日饮食风俗，如描述端午节、中秋节、重阳节等。《委巷丛谈》中记载了不少杭州特产，如天竺桂花、枇杷、杨梅、杭州茶、菌、夜菜、鳌、江鱼等。这些对杭州节日饮食风俗和特产的记载对于研究杭州，乃至江南饮食文化都具有重要参考价值。

端午节：端午为天中节，人家包属秫以为粽[①]，束以五色彩丝。

中秋节：八月十五日谓之中秋，民间以月饼相遗，取团圆之义。是夕，人家有赏月之燕，或携榼湖船[2]，沿游彻晓。苏堤之上，联袂踏歌[3]，无异白日。

重阳节：重九日，人家糜栗粉和糯米伴蜜蒸糕，铺以肉缕，标以彩旗，问遗亲戚[4]。其登高饮燕者，必簪菊泛萸[5]，犹古人之遗俗也。又以苏子微渍梅卤，杂和蔗霜、梨、橙、玉榴小颗，名曰“春兰秋菊”。

祭灶日[6]：十二月二十四日，谓之交年。民间祀灶，以胶牙饧[7]、糯米花糖、豆粉团为献。（《西湖游览志余·熙朝乐事》）

莼菜：杭州莼菜，来自萧山，惟湘湖为第一。四月初生者，嫩而无叶，名雉尾莼；叶舒长，名丝莼等。至秋则无采矣。

江鱼：杭人最重江鱼，鱼首有白石二枚，又名石首鱼。每岁孟夏，来自海洋，绵亘数里，其声如雷，若有神物驱押之者。渔人以竹筒探水底，问其声，乃下网截流取之，有一网而举千头者。

蟹：杭人最重蟹。秋时风致，以此为佳。（《西湖游览志余·委巷丛谈》）

【注释】

①秫（shú）：古代指有黏性的谷物。

②携榼（kē）湖船：带着酒具乘船游湖。榼，古代盛酒的器

具，泛指盒一类的器物。

③联袂（mèi）踏歌：手拉着手边走边唱。

④问遗（wèi）：问候、馈赠。

⑤簪（zān）菊泛萸：头戴菊花，遍插茱萸。

⑥祭灶日：农历腊月二十四日，是中华民族的传统节日，也被称为小年、谢节、灶王节。

⑦胶牙饧：用麦芽制成的糖，食之黏牙，因此得名。旧俗常用于送灶时的供品。

福　建

《五杂组》，明人谢肇淛编撰。谢肇淛（1567—1624），字在杭，号武林、小草斋主人，晚号山水劳人。长乐县江田人，后随父居福州。全书16卷，分天部、地部、人部、物部、事部等五部，每部又分二、三、四卷不等。所记内容广泛，凡天文地理、政治军事、经济文化、山川草木、典章制度等均有记载。有关饮食的内容，主要集中在物部（卷九至卷十二）。卷九主要记福建的“四类荔枝、蛎房、子鱼、紫菜，以及带鱼、蝉鳍、鳆鱼、海参、鲤、鲂、龙虾、河豚”等地方土产。卷十主要记水果、菌类。卷十一着重记茶、酒、水果等食品。这四卷有关饮食内容的记载，内容非常丰富。

值得重视的是，作者还提出“物性各有所宜，亦各有所忌”的观点。这些内容对研究福建古代饮食文化具有重要的参考价值。

昔人以闽荔枝、蛎房[①]、子鱼、紫菜为四美。蛎负石作房，累累若山，所谓蚝也。不惟味佳，亦有益于人。其壳堪烧作灰，殊胜石灰也。子鱼、紫菜，海滨常品，不足为奇，尚未及辽东之海参、鳆鱼耳。

河豚：河豚最毒，能杀人。闽、广所产甚小，然猫、犬、鸟、鸢之属，食之无不立死者。而三吴之人，以为珍品。其脂名西施乳，乃其肝尤美，所忌血与子耳。其子亦有食者，少以盐渍之，用燕脂染不红者，即有毒，红者无毒，可食。一云：“烹时用伞遮盖，恐尘坠其中，则杀人。中毒者，橄榄汁及蔗浆解之。”

酒：京师有薏酒，用薏苡实酿之[②]，淡而有风致，然不足快酒人之吸也。易州酒胜之，而淡愈甚。不知荆高辈所从游，果此物耶？襄陵甚冽，而潞酒奇苦。南和之刁氏，济上之露，东郡之桑落，浓淡不同，渐于甘矣，故众口虽调，声价不振。闽中酒无佳品。往者顺昌擅场，近财建阳为冠。顺酒卑卑无论，建之色味欲与吴兴抗衡矣，所微乏者，风力耳。

荔枝汁可作酒，然皆烧酒也。作时，酒则甘，而易败。邢子愿取佛手柑作酒，名佛香碧，初出亦自馨烈奇绝，而亦不耐藏。江右之麻姑[③]，建州之白酒，如饮汤然，果腹而已。

各地饮食风俗：东南之人食水产，西北之人食六畜。食水产者，螺蚌蟹蛤，以为美味，不觉其腥也；食六畜者，狸兔鼠雀，以为珍味，不觉其膻也。若南方之南，至于烹蛇酱蚁[4]，浮蛆刺虫，则近于鸟矣；北方之北，至于茹毛饮血[5]，拔脾沦肠，则比于兽矣。圣人之教民火食，所以别中国于夷狄，殊人类于禽兽也。（《五杂组》）

【注释】

①蛎房：指簇聚而生的牡蛎。

②薏苡实：即薏苡仁，中药名。为禾本科植物薏苡的干燥成熟种仁。秋季果实成熟时采割植株，晒干，打下果实，再晒干，除去外壳、黄褐色种皮和杂质，收集种仁。

③江右：指江西南部地区。

④酱蚁：以蚁卵所制的酱。多为南方少数民族地区食用。

⑤茹毛饮血：指人类在学会用火以前，连毛带血地生吃禽兽的生活。

北　京

《长安客话》，明人蒋一葵编撰。蒋一葵，字仲舒，别号石原，生卒年不详，南直隶武进（今江苏常州）人。《长安客话》成书于万历年间，长安是封建社会皇都的通称，所以这本关于北京历史、地理的书有此名。全书共8卷，分“皇都杂记”“郊垌杂记”“畿辅杂记”“关镇杂记”四大类，分统皇都、皇城、禁范、都市、歌咏、人物、奇事、名山、名寺、名迹、驿馆、雄镇、塞外、诸夷等十四目，共340余条。与饮食烹饪有关的内容主要见于卷二的“皇都杂记”，详细记载了具有北方特色的面点、果蔬、水酒、荤食原料，有饼、柰、杏、巴旦杏、李、胡桃、白樱桃、土豆、浆酒、荷花酒、赛凉水、薏苡酒、羊羔酒、马酒、秋羊、黄羊、黄鼠、芦菔、白菜、沙菌、地椒、韭花等条目，对研究明代北方的饮食文化有较大的参考价值。

饼：水瀹而食者皆为汤饼[①]，今蝴蝶面、水滑面、托掌面[②]、切面、挂面、馎饦[③]、馄饨、合络、拨鱼、冷淘、温淘、秃秃麻失之类是也。水滑面、切面、挂面亦名索饼。笼蒸而食者皆为笼饼，亦曰炊饼。今毕罗、蒸饼、蒸卷、馒头、包子、兜子类是也。炉熟而食者皆为胡饼。今烧饼、麻饼、薄脆酥饼、髓饼[④]、火烧之类是也。

马酒：味似融甘露，香疑酿醴泉[⑤]。新醅撞重白，绝品挹清玄。骥子饥无乳，将军醉卧毡。桐官闻汉史，鲸吸有今年。(《长安客话》)

【注释】

①水瀹（yuè）：用水煮制。

②托掌面：即今刀削面。

③馎（bó）饦（tuō）：即面片汤。

④髓（suǐ）饼：用牛骨髓油作原料制作的酥饼。

⑤醴（lǐ）泉：味道像甜酒的泉水。醴，甜酒。

《万历野获编》，明人沈德符撰。沈德符（1578—1642），字景倩，一字虎臣，又字景伯，秀水（今浙江嘉兴）人。该书是一部内容丰富的史料笔记，内容所涉上自列朝宫闱、典章卷制度，下至司道府县、山川风物，乃至文人逸事、民俗禁忌。全书30卷。有关饮食的内容，分散在多个小门之中。如在《万历野获编补遗·畿辅》中"京城俗对"一门中提到京师的多种饮食，非常有趣。这些资料，对研究明代北京的饮食文化有着一定的参考价值。

京师人以都城内外所有作对偶，其最可破颜者，如臭水塘对香山寺，奶子房对勇士营[①]，王姑庵对韦公寺，珍珠酒对琥珠糖，单牌楼对双塔寺，象棋饼对骨牌糕，棋盘街对幡杆寺，金山寺对玉河桥，六科廊对四夷馆，文官果对孩儿茶[②]，打秋风对撞太岁[③]，白靴校尉对红盔将军，诚意高香对坚心细烛，细皮薄脆对多肉馄饨，椿树饺儿对桃花烧卖，天理肥皂对地道药材，香水混堂对醺醪酒馆，麻姑双料酒对玫瑰灌酒糖，旧柴炭外厂对新莲子胡同，奇味薏米酒对绝顶松萝茶，京城内外巡捕营对礼部南北会同馆，秉笔司礼佥书太监对带刀散骑勋卫舍人。(《万历野获编》)

【注释】

①奶子房：“奶子房”是北京市朝阳区一村名。因养马场得名，在辽金时期，这里曾经是专门养马产奶的地方。因为蒙古人爱喝马奶酒，所以这个专门供给蒙古贵族养马产奶的地方就被称作了“马奶子房”，后改名“奶子房”。

②孩儿茶：中药名，属豆科合欢属落叶小乔木植物，药用作用也较好。中医认为，孩儿茶味苦、涩，性微寒；归肺、心经；具有活血止痛、止血生肌、收湿敛疮、清肺化痰等作用；适用于跌扑伤痛，外伤出血，吐血衄血，疮疡不敛，湿疹、湿疮，肺热咳嗽等症。

③打秋风：指利用各种关系假借名义向有钱的人索取财物。撞太岁：原义指碰运气，后比喻为冲撞或惹怒了凶恶强暴、横行一方的人。

明代鸡肉的食用较为普遍，是大众化的肉食，明人李时珍著《本草纲目》说鸡的种类甚多，五方所产，大小形色往往亦异，并记录了多种品类鸡的药用价值，例如，白雄鸡肉，主治下气，疗狂邪安五脏，伤中消渴；乌雄鸡肉，有补中止痛和虚羸的功效。不仅如此，在

《烹茗》 明·孙克弘《销闲清课图卷》(局部)

顾渚天地。吴越所尚。中冷惠泉。须知火候。一盏风生。其乐奚如。

《山游》 明·孙克弘《销闲清课图卷》(局部)

小艇摇曳。秋水清泚。寻名山以遨游。畅然而得真趣。

《薄醉》 明·孙克弘《销闲清课图卷》(局部)

醇酒清歌。聊适余兴。毋蹈沈酣。德仪兼令。

《阅耕》 明·孙克弘《销闲清课图卷》(局部)

游目青畲。苌哉夏畦。歌发缓行。筋力忘疲。

明朝，吃鸡的多少甚至成为一种夸耀富有和显示身份尊贵的标志，田艺蘅撰《留青日札》卷二十六之《悬鸡》一条，对京师吃鸡的习俗作了详尽描述。

家大夫在京师时有一蒋揽头家[1]，请贵客八人，每席盘中进鸡，首八枚，凡用鸡六十四只矣。一御史性喜食，因并家大夫席上者取而食之。蒋氏以目视仆，少顷复进鸡首八盘，亦如其数。则凡一席之费一百三十余鸡矣，况其他乎！家大夫为之坐不安席也。因言先侍郎江公之俭，尝为客设一鸡，而客卒不至。时正暑热，遂悬之井中，几七昼夜。京师因为之语曰："经年不请客屠文伯，七日尚悬鸡江景曦。"屠应坤，嘉兴人，仕至副使。先正俭德，真少师也！（《留青日札》）

【注释】

①揽头：包揽某项事务的头目。

奢侈风尚舶来品

价比金贵之胡椒

宋元时期，由于海外贸易的繁荣，香药成为舶来品的代名词，在很多时候特指从南海诸国进口的沉香、乳香、檀香、丁香、没药等香货。明清时期，沉香、乳香、檀香、没药、胡椒等香药不再被冠以“香药”总称的情况更为明显，它们更多时候是以各自具体的名称出现，“香药”作为专有名词的出现频率逐渐降低，然而其所包含的香品及药材对中国社会的影响却有增无减。

明初以来，在朝贡贸易、郑和下西洋、民间海外贸易及西人中转等方式的共同作用下，各类香药源源不断地输入中国，不仅保证了香药在中国市场的供需稳定，且使这一舶来品真正进入寻常百姓之家，出现了大量记载香药应用于饮食的书籍，福建、广东等沿海方志中，香药出现的频率亦相当高。仅从书籍的类型及适度人群来看，明代的普通平民已开始将香药应用于饮食中。其次，史籍中大量运用香药描绘其他事物特性的表达，其中“胡椒”的运用最为普遍。“似胡椒”“如胡椒”等词频频出现。如果说用胡椒来描述我们不甚熟悉的阿勃参香和西域葡萄，仅能说明人们对胡椒的熟悉程度高于这些稀有物种，那么用胡椒作为形容在南北各地皆有种植的梧桐树所结果实大小的专业词汇，则足以体现明人对胡椒的熟悉程度之高。

阿勃参香：出拂林国[①]，皮色青白，叶细两两相对，花似蔓青，正黄，子如胡椒，赤色。(《香乘》)

葡萄：琐琐葡萄出西番，实小如胡椒。(《农政全书》)

梧桐：二三月畦种，如种葵法，稍长移栽皆阴处地，喜实不喜浮，子生于叶，大如胡椒。(《致富奇书》)

【注释】

①拂林国：即古代海西国，意大利前身。

从胡椒自身的属性而言，根本称不上奢侈品，而历史上为何赋予它这一昂贵的象征呢？究其原因，主要有两点。一方面物以稀为贵。在闭塞的年代里，因其输入量少，难以获得，自带神秘色彩，加之人为的心理作用，认为外来的东西都是最稀罕的；另一方面人们先发掘其药用价值，后使用其调味功能。药用之物，需求量少，难以普及，加上舶来品的前提与药用价值的夸张讹传，故至唐胡椒被列入奢侈品之列。宋元时期，胡椒开始活跃于皇族贵胄的视线中，成为他们饮食的上等调味品。至明初郑和下西洋后，官方胡椒输入量剧增。统治者因势利用胡椒进行长达半个世纪的折俸折赏，以缓解国家财政问题，也因此导致胡椒使用范围扩大，即从皇宫大内到官宦之家。明代官员体禄并非全部支给米，而是分本色与折色。本色给米，折色则给银钞、布匹、椒木之类。根据明代典籍记载，第一次出现胡椒折色俸禄是在永乐十二年（1414），之后，明统治者陆陆续续将大量胡椒作为钱钞替代物，用来折合官员的禄钞。

永乐十二年，令在京文武官折俸钞俱给胡椒苏木，胡椒每斤准钞一十六贯，苏木每斤八贯。仍自一品至九品每月在京各添给五斗共一石其米于折钞，内扣除杂职官有家小者添给四斗，共一石①。无者添给一斗五升，共六斗。（《太仓考》）

永乐二十二年，令在京文武折俸钞俱给胡椒苏木，胡椒每斤准钞一十六贯，苏木每斤八贯。（《大明会典》）

宣德九年十一月，京司文武官禄米折钞……胡椒每斤准钞

一百贯，苏木每斤准钞五十贯。(《明宣宗实录》)

成化十六年，又有折支三梭布之例，每匹折米三十石，递年奏准。上半年关钞锭，下半年关胡椒，七分苏木三分胡椒，每斤准钞一百贯，苏木每斤准钞五十贯。如果苏木不敷，库布有余，听斟酌关支，或锻或绵布被胎或皮张，照钞折银估支各多寡不等，以上俱折色。(《海语》)

【注释】

①斗、石（dàn）：古代的容量单位。十升等于一斗，十斗等于一石。

胡椒不仅是烹饪食物的重要作料，而且经常用于腌制肉脯、果干，调制美酒、汤水，身影几乎遍布日常饮食的各个领域。烹制荤食，胡椒能“杀一切鱼、肉、鳖、蕈毒”，因此明人在烹饪这类食物时，必添加之。明人宋诩所撰的《竹屿山房杂部》一书中记载的制作鱼、虾、蟹、贝等各类海鲜及鸡、鸭、牛、羊等肉类食物的烹调方法中，胡椒皆是重要作料。比如，这款辣炒鸡的辣就来自来自胡椒。除了胡椒以外，这款菜的用料中最吸引人眼球的是配料竟有18种。这18种配料，从燕窝、石耳、海蜇、胡萝卜到天花菜，可以说集当时天下食材之珍。由此可以推想，这款菜大约来自明代宫廷。

辣炒鸡：用鸡所为轩[①]，投热锅炒改色，水烹熟，以酱、胡椒、葱白调和。全体烹熟[②]，调和亦宜[③]。和物宜熟栗[④]、熟菱、燕窝（温水洗）、麻菇[⑤]（温水洗）、鸡棕[⑥]（温水洗）、天花菜[⑦]（温水洗）、羊肚菜[⑧]（温水洗）、海丝菜[⑨]（亦曰"龙须"，冷水洗，不入锅）、生蕈（少父焬冷水洗）、石耳[⑩]（温水洗）、芦笋、蒲笋、竹笋干（淡者，同石灰少许芝之，易烂；先老成者，水洗）、黄瓜（削去皮瓤）、胡萝卜（块切，先笔）、水母[⑪]、明脯须[⑫]。（《竹屿山房杂部》）

【注释】

①用鸡斫为轩：将净鸡剁成块。

②全体烹熟：整只炖熟。

③调和亦宜：指将鸡整只炖熟后，再同配料放在一起调味也行。

④和物：配料。

⑤麻菇：应即草菇。据《农学合编》，麻菇为湖南浏阳特产，每年7月采集食用。

⑥鸡棕：即伞菌科植物"鸡枞（zōng）"，为云南特产。

⑦天花菜：又名"天花蕈"，即平菇。

⑧羊肚菜：即圆顶羊肚菌。明人李时珍《本草纲目》"菜部"第二十八卷"蘑菰蕈"称："一种状如羊肚，有蜂窝眼者，名羊肚

菜。”入口酥脆鲜美。

⑨海丝菜：即龙须菜，又名“海菜”“线菜”，江篱科植物江篱的藻体。分布于我国沿海各地。性味甘寒无毒，有去内热等功用。李时珍《本草纲目》：“龙须菜，生东南海边石上。丛生，无枝叶，状如柳根须，长者尺余，白色，以醋浸食之，和肉蒸食亦佳。”

⑩石耳：即地衣门植物石木耳。

⑪水母：即海蜇。

⑫明脯须：墨鱼须干制品。

胡椒味辛辣，在一些素食的制作中常常使用。明代以前，胡椒、豆蔻等香药在烹饪菜肴方面仅限于“胡盘肉食”。及至明代，胡椒在饮食领域的应用已不再局限于荤食，山药、萝卜、丝瓜等常见蔬菜在烹制时已开始添加胡椒。例如，蔬菜的经典做法“油酱炒三十五制”，胡椒为其必备调料。可见，香药在素食领域的使用，不仅丰富了时人的饮食口味，而且使社会下层使用香药烹制菜肴成为可能。

天花菜[①]，先熬油熟，加水同入芼之，用酱、醋；有先熬油，加酱、醋、水再熬，始入之。皆以葱白、胡椒、花椒、松仁油或杏仁油少许调和，俱可，和诸鲜菜视所宜。（《竹屿山房杂部》）

【注释】

①天花菜：即花椰菜，又俗称花菜、菜花等。

为延长食物的保存时间，并使其味道更为多元，明人开始习惯使用胡椒、豆蔻等香药腌制食物，尤其明中叶以后，记载此类食谱的著作逐渐增多，而香药用于腌制食物的记录在宋元时期的日用类书及饮膳类书籍中则极少出现。无论是肉类还是蔬菜类乃至水果，其腌制方法皆较为简单，且原料容易获取，普通家庭很容易便能做到。从以下这些食谱中，反映出时人不仅将胡椒用于调味，还将其更加广泛地用于去腥、保鲜。

法制鲫鱼：用鱼治洁布泡，令干，每斤红曲坊一两炒，盐二两，胡椒、川椒、地椒、莳萝坋各一钱[①]，和匀，实鱼腹令满，余者一重鱼，一重料物，置于新瓶内泥封之。十二月造，正月十五后取出，番转以腊酒渍满，至三四月熟，留数年不馁[②]。（《竹屿山房杂部》）

法制木瓜：取初收木瓜于汤内炸过[③]，令白色取出，放冷，于头上开为盖子，以尖刀取去穰[④]，了，便入盐一小匙，水出，即入香药，官桂、白芷、叶本、细辛、藿香、川芎[⑤]、胡椒、益智子、砂仁。右件，药捣为细末，一个木瓜入药一小匙，以木瓜内盐水调匀，更曝，水干，又入熟蜜，令满曝，直蜜干为度。（《遵生八笺》）

鹑雀兔鱼酱：右等治净，每一斤用白盐、白曲末各四两，葱三根，切一寸长，酒三合，胡椒、莳萝、川椒、干姜为细末，各一钱，红曲末二两同拌匀，每十斤入熟油十两，再拌入瓶箬[6]，盖泥封，腊月造，三月开着，四月熟。（《多能鄙事》）

折齑[7]：一用芥菜稚心洗[8]，日晒干，入器，熬香油、醋、酱、缩砂仁、红豆蔻、莳萝末浇菜上摇一番，倾汁入锅，再熬，再倾二三次，半日已熟。（《竹屿山房杂部》）

【注释】

①莳萝坋（bèn）：即土茴香粉。

②留数年不馁：可以保留数年都不腐坏。

③炸：焯水。

④穰（ráng）：同“瓤”。

⑤川芎（xiōng）：是一种中药植物，主产于四川，云南、贵州、广西等地亦有，生长于温和的气候环境。常用于活血行气，祛风止痛。

⑥瓶箬：即竹瓶。

⑦齑（jī）：捣碎的姜、蒜或韭菜的细末。

⑧芥菜稚心：指芥菜的嫩心。

胡椒、白檀等香药不仅可以在烹饪、腌制食物时，作为单味作料加入食物中，还可与茴香、干姜等多味作料一起调配成方便快捷的调料包。邝璠的《便民图纂》中记录了最为常用的四种物料，分别为“素食中物料法”“省力物料法”“一了百当”“大料物法”，这四种物料皆可称之为“省力物料”，它们不仅是居家烹饪的好帮手，而且便于携带，适合外出使用，且保存期限较长，类似于我们今天厨房常用的“十三香”和方便面中的“调味包”。这些便捷物料的使用，大大简化了做菜程序，其味道不但丝毫未减，而且由于多味物料的混合而更加美味，故大受时人欢迎。

素食中物料法：莳萝、茴香、川椒、胡椒、干姜（泡）、甘草、马芹、杏仁各等分，加榧子肉一倍共为末[①]，水浸，蒸饼为丸如弹子大，用时汤化开。

省力物料法：马芹、胡椒、茴香、干姜（泡）、官桂、花椒各等分为末，滴水为丸，如弹子大，每用调和捻破，即入锅内，出外尤便。

一了百当：甜酱一斤半，腊糟一斤，麻油七两，盐十两，川椒、马芹、茴香、胡椒、杏仁、良姜、官桂等分为末，先以油就锅内熬香，将料末同糟酱炒熟入器收贮，遇修馔随意挑用[2]，料足味全，甚便行厨。

大料物法：官桂、良姜、荜拨、草豆蔻、陈皮、缩砂仁、八角、茴香各一两，川椒二两，杏仁五两，甘草一两半，白檀香半两，共为末用，如带出路以水浸，蒸饼丸如弹子大，用时旋以汤化开。（《便民图纂》）

【注释】

①榧（fěi）子肉：为红豆杉科常绿乔木植物榧树的成熟种子。主产于浙江、福建、安徽、湖北、江苏等地。冬季果实成熟时采收，晒干。生用或炒用。

②修馔：指烹制食物。

早在东晋张华《博物志》中已有“胡椒酒方”的记载，至宋元时期更是出现了木香酒、片脑酒、白豆蔻酒、苏合香丸酒等种类丰富的香药酒，然而这些香药酒虽用“酒”命名，却以治病疗疾及调理身体为主要目的，并非日常的饮用酒。明代以后，利用木香、沉香、檀香、丁香、胡椒等香药酿造美酒、制作酒曲的方子逐渐增多。例如，时人常饮的“羊羔酒”“蜜酒”“鸡鸣酒”皆加入木香、胡椒、片脑、丁香等不同香药酿制而成，且“蜜酒”的酿制即有三种不同的方子。除酿造美酒外，胡椒、木香、丁香、沉香、檀香、豆蔻等香药还是制作酒曲不可或缺的原料。明代常见的一些酿酒法及酒曲方，有些在宋元史籍中已经出现，如载于《多能鄙事》和《竹屿山房杂部》中的“鸡鸣酒方”在元代《居家必用事类全集》巳集《曲酒类》中已经出现，明代盛行的“瑶泉曲方”最早见于宋人朱翼中的《北山酒经》，然而这些酿酒方在宋元时代应用较为有限，真正受到重视是明中叶以后的事。明中叶后，奢靡之风盛行，人们对饮食也愈来愈讲究，宋元、明初时所撰的大量日用类书纷纷重新刊刻出版，书中所载的诸多食谱、酒方开始真正得以普及。

大禧白酒曲方：以面粉、糯米粉、甜瓜为主料，加入木香、沉香、檀香、丁香、甘草、砂仁、藿香、槐花、白芷、零苓香[①]、白术、白莲花等多味物料，共同酿制而成。（《竹屿山房杂部》）

朱翼中瑶泉曲：以白面、糯米粉为主料，加人参、官桂、茯苓、豆蔻、白术、胡椒、白芷、川苓、丁香、桂花、南星[②]、槟榔、防风、附子一同酿造。（《六必酒经》）

【注释】

①零苓香：疑为“零陵香”，又名灵香草、香草、佩兰，为报春花科珍珠菜属的植物，主产于四川、湖北、云南、贵州等地。

②南星：即天南星，是一种带有药用价值的草本植物。南

星又名山苞米、山棒子，为多年生草本植物。生长在山野阴湿地，而且在全国各地都能生长。

玉盘珍馐之燕窝

燕窝，又称燕菜、燕根、燕蔬菜，为雨燕科动物金丝燕及多种同属燕类所筑成的巢窝，主要产于我国南海诸岛及东南亚各国。因其为“宴席上品”，国人尤其上流社会群体趋之若鹜，因此中国与东南亚的燕窝贸易得以兴起、发展。但在中国唐宋时期的浩瀚史篇所记载的中国与东南亚贸易商品中并无燕窝一项。据现存文献来看，最早记述燕窝的中文古籍是元人贾铭的《饮食须知》，其卷六记载说：“德奇，味甘，性平，黄黑霉烂者有毒，勿食。”这段记载说明，在贾铭写《饮食须知》时，中国对燕窝的品性已经有了初步的了解，且为时人较多食用，燕窝贸易应已存在。而到明代，随着中国与东南亚的燕窝贸易有了更大的发展，时人对燕窝的成因、品性及疗效都有了较为清晰的认知，“补虚损，已痨痢”的功效显然是国人对其嗜爱有加的原因所在。随着认知程度的加深，明朝上流社会对燕窝的需求增多、消费扩大，明显刺激了中国的燕窝市场，这给予中国与东南亚的燕窝贸易以很大的推动力，使之较元代中国与东南亚的燕窝贸易有了很大发展。但也应看到，明代燕窝的消费人群，主要集中于皇室贵族和官宦之家。

闽之远海近番处，有燕名金丝者，首尾似燕而甚小，毛如金丝，临卵育子时，群飞近汐沙泥有石处，啄蚕螺食。有询海商闻之土番云，蚕螺背上肉有两肋，如枫蚕丝，坚洁而白，食之，可补虚损，已痨痢。故此燕食之，肉化而肋不化，并津液呕出，结为小窝，附石上，久之，与小雏鼓翼而飞，海人依时拾之，故曰燕窝也。(《泉南杂志》)

燕窝，盖海燕所筑，衔之飞渡海中，翮力倦则掷置海面[1]，浮之若杯，身坐其中，久之复衔以飞，多为海风吹泊山澳，海人樗之以货，大奇大奇。(《闽部疏》)

燕窝，相传冬月燕子衔小鱼，入海岛洞中垒窝，明岁春初，燕弃窝去，人往取之。一说，燕于冬月先衔鸟毛绸缪洞中，次衔鱼筑室，泥封户牖[2]，伏气于中，气结而成，明春飞去，人以是得之，员(圆)如椰子，须刀去毛，劈片[3]，水洗净可用。(《闽中海错疏》)

燕窝以洁白为贵，煮之虽皎若水晶，然如嚼蜡，亦陈平冠

玉耳，或曰能化痰，则不如鹅眼钱类。(《露书》)

【注释】

①翮（hé）：指鸟的翅膀。

②牖（yǒu）：窗户。

③劈片：切片。

甘薯、玉米

明代的饮食风俗丰富多彩。除了本土所产的物种外，对外贸易的扩展，也为中华饮食文化注入了新鲜的血液。新的作物的引入丰富了人们的日常饮食，玉米、甘薯、马铃薯的引入，一改人们过去吃不饱的困境。甘薯大约在明代末期传入中国，传入途径有多条，最开始都是在闽地即今福建一带试种植。明代的《闽书》《农政全书》均有相关记载。李时珍《本草纲目》对甘薯的记载说明，在明代甘薯已经在江南地区代替了谷物大米成为主食，烹饪方式也主要为蒸熟或烤熟。甘薯改变了人们的饮食结构，端上了人们的餐桌，成为主食的一种。玉米最早在1531年传到我国广西，最开始玉米并不叫玉米，叫御麦。田艺蘅《留青日札》也对其进行了记载。

甘薯出交广南方。民家以二月种，十月收之。其根似芋，亦有巨魁。大者如鹅卵，小者如鸡、鸭卵。剥去紫皮，肌肉正白如脂肪。南人用当米谷、果食，蒸炙皆香美[①]。初时甚甜，经

久得风稍淡也。(《本草纲目》)

御麦出于西番，旧名番麦，以其曾经进御，故名御麦。(《留青日札》)

【注释】

①炙：烤。

番薯最早种植于美洲中部墨西哥、哥伦比亚一带，由西班牙人携至菲律宾等国栽种，番薯最早传进中国约在明朝后期的万历年间，分三条路线进入中国云南、广东、福建。一般普遍认为，番薯的引入中国，源于万历二十一年（1593）。明时，多年在吕宋（即菲律宾）做生意的福建长乐人陈振龙同其子陈经纶，见当地种植一种叫“甘薯”的块根作物，块根“大如拳，皮色朱红，心脆多汁，生熟皆可食，产量又高，广种耐瘠”。想到家乡福建山多田少，土地贫瘠，粮食不足，陈振龙决心把甘薯引进中国。对番薯的食用价值及食法明清时人对照土产山薯有详尽描述和比较，如屈大均《广东新语》卷二七。

东粤多薯。其生山中纤细而坚实者，曰白鸠，莳似山药而小，亦曰土山药，最补益人。大小如鹅鸭卵，花绝香，身上有力者曰力薯。形如猪肝，大者重数十斤，肤色微紫，曰猪肝薯，亦曰黎峒薯。其皮或红或白，大如儿臂而拳曲者曰番薯，皆甜美可以饭客，称薯饭，为谷米之佐。凡广芋有十四种，号大米，诸薯亦然。番薯近自吕宋来[1]，植最易生。叶可肥猪，根可酿酒。切为粒，蒸曝贮之，是曰薯粮。子瞻称[2]："海中人多寿百岁，由不食五谷而食甘薯[3]。"番薯味尤甘，惜子瞻未之见也。芋则苏过尝以作玉糁羹云。（《广东新语》）

【注释】

①吕宋：吕宋国是菲律宾古国之一。在今吕宋岛马尼拉一带。

②子瞻：即苏轼，"唐宋八大家"之一，字子瞻。

③甘薯：又名甜薯，薯蓣科薯蓣属缠绕草质藤本。

蓬勃发展的餐饮业

饮品香茗新风尚

茶与酒的历史在中国可谓源远流长，茶馆与酒楼也并非明代才有之事。可是从明人的记载中我们可以看出，起码茶馆是消失了一个阶段后再次出现在人们的视野中的。宋时已有的“茶坊”为何一度消失，或许与蒙古族的统治和饮食习惯有很大的关系，在沉寂了一个阶段之后，明时茶馆再次成为人们消闲、娱乐、文化传播的场所。田汝成《西湖游览志》记载了茶馆从富家专有到普及化，从没有到一下子开了50余所的过程，经营者是因为获利丰厚竞相效仿，可见人们对饮茶的热衷程度，大众化、平民化趋势明显，成为普通民众消遣娱乐的场所。有的茶馆因为各方面条件不错，适合一些文人的口味，也会博得他们的青睐，引得他们诗兴大发，为其作文以示标榜。张岱就曾为“露兄”茶馆撰写“广告词”——《斗茶檄》一文。

杭州先年有酒馆而无茶坊，然富家燕会，犹有专供茶事之人，谓之茶博士[①]。……嘉靖二十六年三月，有李氏者，忽开茶坊，

饮客云集，获利甚厚，远近仿之，旬日之间，开茶坊者五十余所，然特以茶为名耳，沉湎酣歌，无殊酒馆也。(《西湖游览志》)

《露兄》：崇祯癸酉[②]，有好事者开茶馆，泉实玉带，茶实兰雪，汤以旋煮，无老汤，器以时涤，无秽器，其火候、汤候，亦时有天合之者。余喜之，名其馆曰“露兄”，取米颠“茶甘露有兄”句也[③]。为之作《斗茶檄》，曰：“水淫茶癖[④]，爰有古风；瑞草雪芽，素称越绝。特以烹煮非法，向来葛灶生尘；更兼赏鉴无人，致使羽《经》积蠹。迩者择有胜地，复举汤盟，水符递自玉泉，茗战争来兰雪。瓜子炒豆，何须瑞草桥边[⑤]。橘柚查梨，出自仲山圃内。八功德水[⑥]，无过甘滑香洁清凉；七家常事[⑦]，不管柴米油盐醋。一日何可少此，子猷竹庶可齐名[⑧]；七碗吃不得了，卢仝茶不算知味[⑨]。一壶挥尘，用畅清谈；半榻焚香，共期白醉。”(《斗茶檄》)

【注释】

①茶博士：宋代茶馆中对“专供茶事之人”的称呼，在明代这个称呼依然留存，其职务不变，但职业活动范围由对外开放的茶点转移至富人家庭之内，且只在临时性的宴会出现。

②崇祯癸酉：即崇祯六年(1633)。

③米颠：北宋书画家米芾，因举止癫狂，被人称为米颠。与蔡襄、苏轼、黄庭坚并称“宋四家”。茶甘露有兄：语出北宋人庄绰《鸡肋编》：“其作文亦狂怪，尝作诗云：‘饭白云留

子，茶甘露有兄。’人不省露兄故实，扣之，乃曰：‘只是甘露哥哥耳。’”

④水淫：指有洁癖的人。米芾生性好洁，世号水淫。

⑤瓜子炒豆，何须瑞草桥边：典出苏轼《与王元直》：“但有少望，或圣恩许归田里，得款段一仆，与子众丈、杨文宗之流，往来瑞草桥，夜还河村，与君对坐庄门，吃瓜子炒豆，不知当复有此日否？”

⑥八功德水：佛教认为阿弥陀佛极乐净土池中的水有八种功德，它们分别是澄净、清冷、甘美、轻软、润泽、安和、除患、增益。

⑦七家常事：日常生活中的七种必需品。宋人吴自牧《梦粱录》：“盖人家每日不可阙者，柴、米、油、盐、酱、醋、茶。”

⑧子猷：王徽之（338？—386），字子猷。王羲之的第五个儿子，历任参军、南中郎将、黄门侍郎等。《世说新语·任诞》：“王子猷尝暂寄人空宅住，便令种竹。或问：‘暂住何烦尔？’王啸咏良久，直指竹曰：‘何可一日无此君？’”

⑨卢仝：约795—835年，号玉川子，济源（今河南济源）人，爱茶成癖，后人称之为茶仙。

酒肆社交好去处

正德年间已经有了不少的茶楼、酒馆，虽说星罗棋布于城市的各个地方，但更多地向水陆码头、繁华市区和名胜古迹集中，扎堆开店，逐渐形成了繁华的饮食街。比如，南京的秦淮河畔就有“酒馆十三四处，茶坊六七八家”，扬州的酒楼“门迎水面，阁压波心”，风景旖旎，生意红火。

明代官府对酿酒没有管制，完全放开。酒成为人们的日用必需品，酿酒作坊和烧锅遍及城乡，饮酒之风在社会上盛行。

明太祖朱元璋定都南京后，沿用南宋之法，官府兴建了 15 座酒楼。用来与民同乐，方便宾旅。民间的酒馆也很繁荣，当时的开封城中，也有大量的酒店、饭店，人们经常在这里饮酒取乐，《如梦录》“街市纪第六”描绘出了一幅世人纵情享乐的生动图画。还有位于乡村的一些小酒馆，则主要由女主人来招呼、经营。这种美酒和美景相结合的场合，也深受人们的喜爱。就是这些不同类型的酒馆与茶馆满足着各种人群的需求，是人们交往应酬、休闲、享乐的场所，成为人们生活不可或缺的一部分。

洪武二十七年①，上以海内太平，思与民偕乐，命工部建十酒楼于江东门外，有鹤鸣、醉仙、讴歌、鼓腹、来宾、重译等名。既而又增作五楼，至是皆成。诏赐文武百官钞，命宴于醉仙楼。而五楼则专以处侑酒歌妓者，盖仿宋故事，但不设官酝②，以收榷课③，最为清朝佳事。(《万历野获编》)

南酒店，各样美酒店……各街酒馆，坐客满堂。清唱取乐，二更方散。

酒园，各样美酒，各色美味，佳肴。高朋满座，又有清唱妓女伺候。(《如梦录》)

石榴裙带漾春风，酒幕高张绿树中，独下金貂须醉饮，阿郎骑马猎新丰。(《晚香堂小品》)

【注释】

①洪武二十七年：即1394年。

②官酝：官府酿造和专卖的酒。

③榷(què)课：指国家专利税。

饭馆小吃生意兴

明代饮食服务业发达，饭馆、客店繁多，明代饭馆的开设除了有专门的街道外，其他每条街也有，极大地方便了人们的生活。明初“百工货物买卖，各有区肆”的局面被打破了，那些人口集中、交通便利的街道上甚至出现了“侵官道以为肆”的现象。《如梦录》“街市纪第六”记载了明朝开封府饭馆林立，繁荣至极的景象，其内不乏有名的饭馆。此外，还有一些做小饮食生意的，也是各有特色，品种繁多，满足市民口味和消费水平的需求。

府角，酒饭各样生意，排门皆是。

往南有竹货、漆店，三街六市[①]，奇异菜蔬，密稠不断，饭店、皮鲊、素面店、羊肉车、鸡、鸭、鹅(店)，直至大隅首。

对醋张家胡同西口，是张应奉饭店，各色奇馔。

羊肉面店，日宰羊数只，面如银丝，馄饨，奇魁(锅魁)各府驰名[②]。

再西有轴丈……南酒店、诸样美酒、干菜、糖果、鲜鱼、鳅鳝、团鱼、鲜虾、螃蟹、细片粉、油子粉，直抵大隅首。

大馆卖猪肉汤，蒜面，肉内寻面，诸食美味，阖郡驰名。响糖铺，所造连十，连五，连三合桌，各样糖果。

大门下，卖油箄，油糕，煎饼，蒜面，馄饨，油粉，酥糖等食物。

又有炒栗，蜜果，十香茯苓糕，烧鸡，鸽，雏皮鲊[3]，鸡鲊。瓜子，咸豆。猪头熟货，牛羊驴肉车，各色果品，诸样瓜瓠[4]。（《如梦录》）

【注释】

①三街六市：泛称各街市。

②奇魁（锅魁）：又叫锅盔、干馍，是陕西关中地区以及甘肃武威地区城乡居民喜食的地方传统风味面食小吃。饼大直径二尺外，又圆又厚像锅盖，故名锅魁。

③鲊：指腌制的鱼，亦指用米粉、面精等加盐和其他作料拌制的菜，可以贮存。

④瓜瓠（hù）：泛指瓜类作物。